The Guide to
400 Wine Producers
with Profiles & Cuvées

ワイナート専科シリーズ
Winart Subject Series

世界のワイン生産者400

プロフィールと主要銘柄で
ワインがわかる

Kenichi Saito / Bijutsu Shuppan-Sha

斉藤研一・著
美術出版社

はじめに

The Guide to
400 Wine Producers
with Profiles & Cuvées

本書では、世界のワイン産地から有名生産者400軒を選び、その特徴と主要な商品を紹介しています。ワインを飲みながらそのワインはどんなところで造られたのか知ることができますし、またこれから飲んでみたいワインや美味しかったワインを探すこともできます。従来の生産者ガイドは、ある地方に限定されており、評点に重きを置きすぎるあまり、その評点だけが独り歩きしてしまい、必ずしもワイン愛好家の広くて深い関心を十分に満たすことができていませんでした。本書ではそのような反省に立ち、ワインの情報に奥行きをもたせるように執筆しています。生産者情報は地方・地区ごとに代表的生産者を並べていますので、興味のある生産者をピックアップして読むことができます。もちろん、ある地方や地区を読み通していけば、その産地の代表的生産者を把握できるでしょう。

本書は大きさも厚さも、また軽さも持ち歩きやすいサイズで、できるだけ自由度が高くなるようにと考えて編集しています。本棚にしまいこまずに、ワインセラーの近くに、またワイン・ショップやレストランに行くときにはバッグにしのばせて、読者の方々の豊かな発想に従って、さまざまな場所や状況でご活用、ご愛読ください。

本書の特徴

1.産地から生産者を知る
生産者は地方・地区ごとに並べられ、細かな産地区分をラベル脇（一部右上）に、格付けを右上に示しています。関心のある地方を読み通せば、その地方の有名生産者の特徴を把握でき、また気になる生産者や好きなワインの生産者を、各地方から探し出すこともできます。
※生産者の名称に含まれるシャトーやドメーヌなどの言葉をカタカナ表記では省略しています。

2.生産者の主要な商品を知る
生産者ごとに、最大5つまで列記した主要な商品や系列の商品（グレーの文字）によって、生産者を軸にしたワイン選びをサポートします。また代表的な銘柄のラベルを掲載していますので、視覚的に記憶にとどめられます。

3.巻末索引から生産者を探す
巻末索引では、生産者のアルファベット表記から検索できます。この索引を利用すれば、掲載ページはもちろん、検索したい生産者の国や産地を調べることができます。同時に索引には、生産者ごとにチェック欄を設けていますので、資格試験勉強の暗記のチェックや、飲んだことのある生産者チェックなどに活用できます。

ワイン製造所に関する用語

一般にワインの製造所をワイナリーと呼びますが、各国でその形態によって呼び方が違います。なかでもブドウ畑を所有しているか（とくにその畑で生産量すべての原料を賄っているか）が鍵となります。ボルドーやブルゴーニュでは、所有畑で原料を確保することが、ワインの高い品質を保証すると考えられています。一方、アメリカでは原料を栽培家から調達することが一般的であるため、畑の所有と品質は結びつかないと考えられています。また、所有畑から造られたワインの場合でも、シャトーなどの表記がないこともあります。その際でもラベルにはその旨が記載されています。

栽培 製造者元詰めをあらわす表記

	栽培/製造所	製造所
Bordeaux	シャトー *Château*	ネゴシアン *Négociant*
Bourgogne	ドメーヌ *Domaine*	ネゴシアン *Négociant*
Champagne	レコルタン・マニピュラン *Récoltant-Manipulant*	ネゴシアン・マニピュラン *Négociant-Manipulant*
German	ヴァイングート *Weingut*	ヴァインケラライ *Weinkellerei*
USA	エステート・ワイナリー *Estate Winery*	ワイナリー *Winery*

栽培 製造者元詰めをあらわす表記

フランス	ミザン・ブテイユ・ア・ラ・プロプリエテ *Mis en bouteille à la propriété*
イタリア	インボッティリアート・アッロリジネ/ メッソ・イン・ボッティリア・デル・ プロドゥットーレ・アッロリジネ *Imbottigliato all'Origine/* *Messo in bottiglia del Produttore all'Origine*
USA	グロウン・プロデュースド・アンド・ ボトルド・バイ・ワイナリー *Grown, produced and bottled by Winery*

Contents

The Guide to
400 Wine Producers
with Profiles & Cuvées

	Page
フランス ボルドー	5
フランス ブルゴーニュ	21
フランス シャンパーニュ	37
フランス その他	45
イタリア	55
スペイン	67
ドイツ	73
その他ヨーロッパ	79
アメリカ	85
オーストラリア	97
その他新世界	105
日本	113

インデックス　Page 117

協力社リスト　Page 127

The Guide to
400 Wine Producers
with Profiles & Cuvées

| フランス | ボルドー |

Bordeaux, France

ボルドーはいちはやくワインの高品質化とブランド化に成功した。そのワイナリーの多くが革命期の英雄やブルジョワ、それらに続いてネゴシアンによって所有されてきた。1972年のボルドー・ショック（銘柄偽装事件）を契機として、元詰めが一般化するとともに、その勢力が減退する。近年は保険や服飾などの他業種による買収が増えており、ホテルやレストランを併設するなど多角経営によるいっそうのブランド化を図る動きもある。

ボルドー
Bordeaux

代表的生産者

メドック／ポイヤック

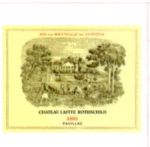

Ch. Lafite Rothschild　　1級

ラフィット・ロートシルト

主要な商品	
シャトー・ラフィット・ロートシルト Ch. Lafite Rothschild	シャトー・デュアール・ミロン Ch. Duhart-Milon
カリュアド・ド・ラフィット Carruades de Lafite	シャトー・リューセック Ch. Rieussec
	シャトー・レヴァンジル Ch. l'Évangile

パリ・ロートシルト家が所有し、1級のなかでも筆頭格。優雅で気品あふれるスタイルは「思慮深い王子」のようだったが、1990年代以降は力強さを志向するようになった。ドメーヌ・バロン・ド・ロートシルト社としてポムロールのレヴァンジルやソーテルヌのリューセックも傘下に置くほか、近年はチリやポルトガルなどにも進出している。

メドック／ポイヤック

Ch. Latour　　1級

ラトゥール

主要な商品	
シャトー・ラトゥール Ch. Latour	ポイヤック Pauillac
レ・フォール・ド・ラトゥール Les Forts de Latour	

5大シャトーのなかでもっとも濃密で力強く、「男性的」と讃えられる。そのスタイルはメドックの典型ともいえる河岸の砂利小丘にあり、ほかに比べてブドウの成熟が増すためといわれる。設備容量が不足して不振を招いた時期があったものの、設備拡充を行って安定化した。現在は流通業のプランタンなどを傘下にもつグループ（ピノー家）が所有。

メドック／ポイヤック

Ch. Mouton Rothschild　　1級（1973年昇格）

ムートン・ロートシルト

主要な商品	
	エール・ダルジャン Aile d'Argent
シャトー・ムートン・ロートシルト Ch. Mouton Rothschild	ドメーヌ・ド・バロナーク Domaine de Baron'Arques
ル・プティ・ムートン・ド・ムートン・ロートシルト Le Petit Mouton de Mouton Rothschild	エスクード・ロホ Escudo Rojo

ロンドン・ロスチャイルド（ロートシルト）家が所有するバロン・フィリップ・ド・ロートシルト社の傘下にある。ラベルの絵柄を毎年違う有名作家が手掛けることで知られる。強めの新樽風味をまとった濃密でやわらかなスタイルで人気を博す。アメリカやチリなど海外進出にも積極的で、オーパス・ワンは新旧世界の合弁事業の記念碑といえる。

メドック／マルゴー

Ch. Margaux　　1級

マルゴー

主要な商品	
シャトー・マルゴー Ch. Margaux	パヴィヨン・ブラン・デュ・シャトー・マルゴー Pavillon Blanc du Ch. Margaux
パヴィヨン・ルージュ・デュ・シャトー・マルゴー Pavillon Rouge du Ch. Margaux	

やわらかで豊潤なスタイルから「女王」の異名を取るワイナリー。70年代に名声に陰りが出たものの、対アジア貿易で財を成したギリシャの財閥メンツェロプロス家が1977年に買収して、多大な投資を行ったことで復活。1978年ヴィンテージは「奇跡の復活」と讃えられ、それ以降はボルドーの頂点に君臨している。

6

Bordeaux

メドック／サン・テステフ

Ch. Cos d'Estournel　　　　　　　　　　　　　　　　　2級

コス・デストゥルネル

主要な商品	シャトー・マルビュゼ Ch. Marbuzet
シャトー・コス・デストゥルネル Ch. Cos d'Estournel	グレ Goulée
レ・パゴデ・ド・コス Les Pagodes de Cos	ボルドー・デストゥルネル Bordeaux d'Estournel

スーパー・セカンドに讃えられるサン・テステフ村を代表するワイナリー。メルロ比率が高く、芳醇でしなやかなスタイルが人気を博す。初代所有者が東洋貿易で蓄財したことから、それに因む東洋風の城館が有名。1917年にジネステ家が買収し、相続したプラッツ家が名声を高めた。2000年にはレイビエール家が買収し、ホテル経営など多角化を図る。

メドック／サン・テステフ

Ch. Montrose　　　　　　　　　　　　　　　　　　　2級

モンローズ

主要な商品	
シャトー・モンローズ Ch. Montrose	
ラ・ダム・ド・モンローズ La Dame de Montrose	

19世紀にカロン・セギュールの地所を分割して設立され、メドックでは比較的新しいワイナリー。サン・テステフらしいかためで芯のある古典的スタイルは、控えめながらも定評がある。2006年、建設大手ブイーグ社を所有するブイーグ兄弟が買収。買収額が1億4000万ユーロ（当時約200億円）ということで話題になった。

メドック／ポイヤック

Ch. Pichon Longueville Comtesse de Lalande　　　　　　　2級

ピション・ロングヴィル・コンテス・ド・ラランド

主要な商品	
シャトー・ピション・ロングヴィル・コンテス・ド・ラランド Ch. Pichon Longueville Comtesse de Lalande	シャトー・ベルナドット Ch. Bernadotte
レゼルヴ・ド・ラ・コンテス Réserve de la Comtesse	グレネリー・ヒル Glenelly Hill

スーパー・セカンドの1つで、女性的な芳醇でしなやかなスタイルが人気。20世紀はじめ病禍や戦禍から経営難に陥り、ミアイユ家が買収して現在の名声を築いた。2007年、シャンパーニュのルイ・ロデレールを所有するフレデリック・ルーゾーに売却。保険会社アクサが所有するピション・ロングヴィル・バロンとは元は1つのワイナリーだった。

メドック／サン・ジュリアン

Ch. Ducru-Beaucaillou　　　　　　　　　　　　　　　2級

デュクリュ＝ボーカイユ

主要な商品	シャトー・ラランド＝ボリー Ch. Lalande-Borie
シャトー・デュクリュ＝ボーカイユ Ch. Ducru-Beaucaillou	シャトー・グラン＝ピュイ＝ラコスト Ch. Grand-Puy-Lacoste
ラ・クロワ・ド・ボーカイユ La Croix de Beaucaillou	シャトー・オー・バタイエ Ch. Haut-Batailley

サン・ジュリアンの典型と言われる、しなやかで優美なスタイルをもつスーパー・セカンド。「美しい小石」の名前は、その土壌を言い表したもので、ヴィクトリア様式の壮麗な城館が建つ。ジャン＝ユジーヌ・ボリー社の傘下にあり、グラン・ピュイ・ラコストなどとは同系列にある。所有者のボリー家はボルドーを拠点とするワイン商として名声を築く。

ボルドー
Bordeaux

メドック／サン・ジュリアン

Ch. Gruaud Larose　　　　　　　　　　　　　　　　　　　　　2級

グリュオー・ラローズ

主要な商品

シャトー・グリュオー・ラローズ Ch. Gruaud Larose	シャトー・オー・バージュ・リベラル Ch. Haut Bages Liberal
サルジェ・ド・グリュオー・ラローズ Sarget de Gruaud Larose	シャトー・シャス・スプリーン Ch. Chasse Spleen

17世紀、グリュオー神父が設立したメドックでは古参。19世紀に一旦分割されたものの、ワイン商のコーディエ家が1935年に統合し、1993年からは電機・機械大手アルカテル・アルストム社が所有。ラベルには神父の甥ラローズの言葉「ワインの王、王のワイン」が記されている。壮麗な城館での充実したワイン・ツーリズムを開催。

メドック／サン・ジュリアン

Ch. Léoville Las Cases　　　　　　　　　　　　　　　　　　　2級

レオヴィル・ラス・カーズ

主要な商品

シャトー・レオヴィル・ラス・カーズ Ch. Léoville Las Cases	シャトー・ポタンサック Ch. Potensac
クロ・デュ・マルキ Clos du Marquis	シャトー・ネナン Ch. Nenin

スーパー・セカンドのなかでも1級並みの実力と讃えられるワイナリー。ラス・カーズ侯爵家の地所の半分を継承したワイナリーで、分割されたポワフェレとバルトンは弟的存在。ラトゥールの南側に位置する畑で、力強く濃密で現代的なスタイルは「サン・ジュリアンの王」と呼ばれる。

メドック／マルゴー

Ch. Durfort-Vivens　　　　　　　　　　　　　　　　　　　　2級

デュルフォール＝ヴィヴァン

主要な商品

	シャトー・ブラーヌ・カントナック Ch. Brane Cantenac
シャトー・デュルフォール・ヴィヴァン Ch. Durfort-Vivens	シャトー・デスミライユ Ch. Desmirail
スゴン・ド・デュルフォール Segond de Durfort	シャトー・ブスコー Ch. Bouscaut

1992年までの約60年間、シャトー・マルゴーと同経営であったため、マルゴーに組み込まれ、本銘柄が生産されることはなかった。現在はボルドーの名門リュルトン家の所有となり、かつての栄光を取り戻しつつある。ワインはカベルネ・ソーヴィニヨン比率が7割と高く、古典的なマルゴー・ワインの優雅で上品なスタイルを守る。

メドック／マルゴー

Ch. Rauzan-Ségla　　　　　　　　　　　　　　　　　　　　　2級

ローザン＝セグラ

主要な商品

シャトー・ローザン＝セグラ Ch. Rauzan-Ségla
セグラ Ségla

17世紀に設立された名門で、18世紀末に渡仏したトーマス・ジェファーソン（後の第3代アメリカ大統領）がその高い品質を褒め、数ケースを注文したという逸話をもつ。20世紀後半は所有者が頻繁に入れ換わり、不振に陥る。高級服飾大手シャネルを抱えるヴェルテメール家が1994年から所有し、かつての栄光を取り戻しつつある。

8

メドック／サン・テステフ

Ch. Calon-Ségur　　　　　　　　　　　　　　　　　　　　3級

カロン=セギュール

主要な商品

シャトー・カロン=セギュール Ch. Calon-Ségur	ラ・シャペル・ド・カロン La Chapelle de Calon
マルキ・ド・カロン Marquis de Calon	

有名なハート・マークを描いたラベルは、18世紀ラトゥールやラフィット（現ラフィット・ロートシルト）も所有したセギュール侯爵が「我、ラフィットを造るも、心はカロンにあり」と語ったことに因む。近年はサン・テステフの流行に従って、メルロ比率を高め、しなやかなスタイルに転換。2012年から保険会社スラヴニールが所有。

メドック／サン・ジュリアン

Ch. Lagrange　　　　　　　　　　　　　　　　　　　　3級

ラグランジュ

主要な商品

シャトー・ラグランジュ Ch. Lagrange	レ・ザルム・ド・ラグランジュ Les Arums de Lagrange
レ・フィエフ・ド・ラグランジュ Les Fiefs de Lagrange	レ・シーニュ・ド・サン・ジュリアン Les Cygnes de Saint-Julien

一時期、評価が低迷していたものの、1983年に日本のサントリー社が買収。エミール・ペイノーの指導に従い、畑の排水工事や設備の更新を行い、急激な品質向上を果たした。買収当初は日本企業であることに対する反発もあったものの、今では3級を超える実力として尊敬される。ワインはサン・ジュリアンらしい、しなやかなスタイル。

メドック／マルゴー

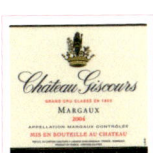

Ch. Giscours　　　　　　　　　　　　　　　　　　　　3級

ジスクール

主要な商品

シャトー・ジスクール Ch. Giscours	ル・オー・メドック・ド・ジスクール Le Haut-Medoc de Giscours
ラ・シレーヌ・ド・ジスクール La Sirène de Giscours	

14世紀に建設された要塞を起源とし、1995年にオランダのイェルヘルスマ家が買収。地所がマルゴー域内とオー・メドック域内にあり、買収直後に原産地違反が発覚して苦境に陥るものの、高品質化の努力に加えて、ブランドを分割する巧みな販売戦略により再び人気が高まった。メルロ比率の高い芳醇でしなやかなスタイルで知られる。

メドック／マルゴー

Ch. Palmer　　　　　　　　　　　　　　　　　　　　3級

パルメ

主要な商品

シャトー・パルメ Ch. Palmer
アルタ・エゴ Alter Ego

メルロ比率の高い芳醇で優美なスタイルで、スーパー・セカンドと評価される。壮麗な城館は際立つ存在感。ワーテルローの戦いでナポレオンを破った英傑パルメ将軍が1814年に設立。現在はワイン商マーラ・ベッセなどイギリス、フランス、オランダの企業が共同所有。原産地呼称制度以前に人気だったシラー混合のワインなど、積極的な商品戦略を展開。

ボルドー
Bordeaux

メドック／サン・ジュリアン

Ch. Branaire-Ducru　　　　　　　　　　　　　　　　　　　　　4級

ブラネール=デュクリュ

主要な商品

シャトー・ブラネール=デュクリュ Ch. Branaire-Ducru	ル・メドック・ド・ブラネール=デュクリュ Le Médoc de Branaire-Ducru
デュリュック・ド・ブラネール=デュクリュ Duluc de Branaire-Ducru	

ベイシュヴェルの丘の上に建つ小規模なワイナリー。1988年パトリック・マロトーが購入、設備投資により品質向上を遂げる。1680年ジャン=バティスト・ブラネールが購入した土地を縁戚の貴族たちが相続してきたことから、4個の王冠がラベルに描かれる。ロアルド・ダールが短編小説『味』（『あなたに似た人』に集録）のなかで紹介して話題になる。

メドック／ポイヤック

Ch. d'Armailhac　　　　　　　　　　　　　　　　　　　　　　5級

ダルマイヤック

主要な商品

シャトー・ダルマイヤック
Ch. d'Armailhac

シャトー=クレール・ミロン
Ch. Clerc-Milon

ムートン・ロートシルトを擁するバロン・フィリップ・ド・ロートシルト社がクレール・ミロンとともに所有。知名度は高くないものの、高品質の割に値ごろ感があると評価される。1975年から1988年までは、先代フィリップ男爵の継妻を讃えて、ムートン・バロンヌ・フィリップを名乗る。1989年から旧名ムートン・ダルマイヤックにならい改名した。

メドック／ポイヤック

Ch. Lynch-Bages　　　　　　　　　　　　　　　　　　　　　　5級

ランシュ=バージュ

主要な商品

シャトー・ランシュ=バージュ Ch. Lynch-Bages	ブラン・ド・ランシュ=バージュ Blanc de Lynch-Bages
エコー・ド・ランシュ=バージュ® Echo de Lynch-Bages	（※セカンドラベルが08年より名称変更。旧シャトー・オー・バージュ・アヴロ）

1934年よりカーズ家が所有するワイナリーで、3代目ジャン=ミシェルの辣腕により1980年代に躍進を遂げた。濃密で力強い現代的スタイルで、格付けを超えて2級並みの評価を獲得。豪華なホテル・レストラン「コルディアン・バージュ」も経営する。ワイナリー名は18世紀の所有者ジャン・バティスト・ランシュ伯爵に由来。

メドック／オー・メドック

Ch. Sociando-Mallet

ソシアンド=マレ

主要な商品

シャトー・ソシアンド=マレ
Ch. Sociando-Mallet

ラ・ドゥモワゼル・ド・ソシアンド=マレ
La Demoiselle de Sociando-Mallet

力強く濃密な現代的スタイルが人気で、格付け2級または3級並みの評価を受けるワイナリー。原産地名はオー・メドックとなるものの、サン・テステフ村に隣接し、ジロンド河を望む絶好の立地。長らくブルジョワ級エクセプショネルの筆頭格と讃えられてきたものの、2003年に認定申請を辞退し、現在は格付けがない。ワイン商のゴートロー家が所有。

10

Bordeaux

メドック・ムーリス

Ch.Chasse-Spleen

シャス=スプリーン

主要な商品	レリタージュ・ド・シャス=スプリーン L'Héritage de Chasse-Spleen
シャトー・シャス=スプリーン Ch. Chasse-Spleen	ブラン・ド・シャス=スプリーン Blanc de Chasse-Spleen
ロラトワール・ド・シャス=スプリーン L'Oratoire de Chasse-Spleen	シャトー・グレシェ・グラン・プージョー Ch. Gressier Grand Poujeaux

力強く濃密な現代的スタイルが人気で、格付け3級並みの評価を受ける。ブルジョワ級エクセプショネルとして讃えられてきたものの、2008年の制度変更に伴い認定申請を辞退し、現在は格付けがない。ワイン商大手のタイヤン・グループが経営。屋号はボードレールが詠んだ詩に因み、詩人ジョン・バイロンが「憂鬱を払う」と讃えたことによる。

グラーヴ

Ch. Haut-Brion   1級(メドック)／グラーヴ特級(赤)

オー=ブリオン

主要な商品	ル・クラレンス・ド・オー=ブリオン Le Clarence de Haut-Brion
シャトー・オー=ブリオン・ルージュ Ch. Haut-Brion Rouge	シャトー・ラ・ミッション・オー=ブリオン Ch. la Mission Haut-Brion
シャトー・オー=ブリオン・ブラン Ch. Haut-Brion Blanc	シャトー・ラ・トゥール・オー=ブリオン Ch. la Tour Haut-Brion

17世紀、深みと調和をもつボルドーのスタイルを確立し、その卓越性を世に知らしめたワイナリー。その功績からメドック以外で唯一、メドック格付けに列せられた。地方随一とされる最高級辛口白をわずかに生産するものの、その稀少性のあまり格付けを辞退。隣接するラ・ミッション・オー=ブリオンなどとともにルクセンブルグ大公皇太子の所有。

グラーヴ

Ch.La Mission Haut-Brion   グラーヴ特級(白・赤)

ラ・ミッション・オー=ブリオン

主要な商品	ラ・シャペル・ド・ラ・ミッション・オー=ブリオン La Chapelle de la Mission Haut-Brion
シャトー・ラ・ミッション・オー=ブリオン・ルージュ Ch. la Mission Haut-Brion Rouge	シャトー・オー=ブリオン Ch. Haut-Brion
シャトー・ラ・ミッション・オー=ブリオン・ブラン Ch. la Mission Haut-Brion Blanc	シャトー・ラ・トゥール・オー=ブリオン Ch. la Tour Haut-Brion

1983年ドメーヌ・クラレンス・ディロン社（ルクセンブルグ皇太子家）がウォルトナー家から買収。同経営のオー・ブリオンとは独立して運営され、しばしば比肩されるワインを手掛ける。2009年産からラヴィル・オー=ブリオンを統合して白ワインも手掛ける。17世紀にド・レストナック家が寄進した土地をラザリスト修道会が整備したのが起源。

グラーヴ

Dom. de Chevalier   グラーヴ特級(白・赤)

ド・シュヴァリエ

主要な商品
ドメーヌ・ド・シュヴァリエ・ルージュ Domaine de Chevalier Rouge
ドメーヌ・ド・シュヴァリエ・ブラン Domaine de Chevalier Blanc

白赤ともに生産するが、とくに白は地方随一の評価を得ている。いち早くソーヴィニヨン・ブランを新樽発酵させる方法を導入し、白ワイン革命を牽引する1つとなった。そのワインは力強く厚みがあり、鋼のようなかたさが特徴だったものの、近年は少しやわらかくなった。辛口白ではボルドーにおいてオー=ブリオンと双璧。

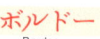

Bordeaux

グラーヴ

Ch. Pape Clément　　　　　　　　　　　　　　　　　　　　グラーヴ特級(赤)

パプ・クレマン

主要な商品	
	レ・クレマンタン・デュ・パプ・クレマン Le Clémentin du Pape-Clément
シャトー・パプ・クレマン・ルージュ Ch. Pape Clément Rouge	レ・プレラ・ド・パプ・クレマン Le Prélat de Pape-Clément
シャトー・パプ・クレマン・ブラン Ch. Pape Clément Blanc	シャトー・ラ・トゥール・カルネ Ch. la Tour Carnet

13世紀ベルトラン・ド・ゴ（後の教皇クレマン5世）がボルドー大司教であったときに城館を建てたことがはじまり。彼は教皇庁を南仏に移した「捕囚」で知られる。選出後、地所は大司教館に継承されるも、その名を残した。現在は日本を含め30軒以上のワイナリーを抱えるベルナール・マグレの所有。しなやかな赤のほか、厚みのある白も評判が良い。

Ch. de Fieuzal　　　　　　　　　　　　　　　　　　　　グラーヴ特級(赤)

ド・フューザル

主要な商品
シャトー・ド・フューザル・ルージュ Ch. de Fieuzal Rouge
シャトー・ド・フューザル・ブラン Ch. de Fieuzal Blanc

優美でしなやかな赤が格付けされるものの、豪華で厚みのある現代的な白で有名なワイナリー。「白ワインの魔術師」と呼ばれるボルドー大学ドゥニ・ドゥブルデュー教授の指導により、1980年代にソーヴィニヨン・ブラン主体で、新樽発酵を行う方法をボルドーで初めて導入。その後の白ワイン革命の先導役となった。

Ch. Smith Haut Lafitte　　　　　　　　　　　　　　　　　　グラーヴ特級(赤)

スミス・オー・ラフィット

主要な商品	
シャトー・スミス・オー・ラフィット・ルージュ Ch. Smith Haut Lafitte Rouge	レ・ゾー・ド・スミス Les Hauts de Smith
シャトー・スミス・オー・ラフィット・ブラン Ch. Smith Haut Lafitte Blanc	シャトー・カントリス Ch. Cantelys

14世紀にはじまるブドウ園で、名前は18世紀にスコットランド人のジョージ・スミスが城館を建てたことに因む。1990年カティアール家が買収し、品質向上とともに革新的な経営を打ち出す。併設されている高級スパ・リゾート・ホテル「ソース・ド・コーダリー」も観光スポットとして人気。格付けされる赤に加え、白は地方屈指と評価される。

Ch. Carbonnieux　　　　　　　　　　　　　　　　　　　グラーヴ特級(赤・白)

カルボニュー

主要な商品	
シャトー・カルボニュー・ルージュ Ch. Carbonnieux Rouge	シャトー・トゥール・レオニャン Ch. Tour Leognan
シャトー・カルボニュー・ブラン Ch. Carbonnieux Blanc	

百年戦争のときに建設された城塞を起源とするワイナリーで、18世紀には「グラーヴのミネラルウォーター」としてイスラム教が支配するオスマン帝国（トルコ）に販売されていたという逸話もある。その後、長い間不振の時代を迎えるものの、20世紀半ばから現所有者のペラン家により復興を遂げた。グラーヴ地区ではもっとも大規模なワイナリーの1つ。

Bordeaux

ソーテルヌ

Ch. d'Yquem ソーテルヌ特別第1級

イケム

主要な商品
シャトー・ディケム Ch. d'Yquem
イグレッグ Y

ソーテルヌの筆頭にして、究極の貴腐ワイン。濃密で、贅沢なまでの甘美なスタイル。地区を見渡すもっとも標高が高い丘の上に、中世の壮大な城館が建っており、その周辺に広大な地所をもつ。リュル=サリュース侯爵家が2世紀以上にわたり所有していたものの、1996年にLVMHグループが株式を親族から水面下で買収し、その傘下になる。

バルサック

Ch. Climens ソーテルヌ第1級

クリマンス

主要な商品
シャトー・クリマンス Ch. Climens
レ・シプレ・ド・クリマンス Les Cyprès de Climens

16世紀に歴史をたどることができるブドウ園で、「バルサックの領主」と讃えられてきた。その名前は「やせた土地」という古語から付けられた。ソーテルヌの濃密さとは違い、バランスとエレガンスをきわめる。きびしい収量制限と選別で知られており、独自基準に満たない年はすべてセカンド・ワインに回す。現在は名門リュルトン家が所有。

プレニャック

Ch. Suduiraut ソーテルヌ第1級

シュデュイロー

主要な商品
シャトー・シュデュイロー Ch. Suduiraut
カステルノー・ド・シュデュイロー Castelnau de Suduiraut

16世紀よりド・シュデュイロー家が所有する地所で、17世紀にいったん焼失したものの、18世紀に再建された。城館はプレニャック村で最大規模を誇り、ルイ14世が泊まったこともある由緒正しいもの。1992年、保険会社アクサ系列のアクサ・ミレジム社が買収し、現在は幹部社員の研修所としても利用される。イケムに次ぐ評価で、肉厚で力強い。

バルサック

Ch. Doisy Daëne ソーテルヌ第2級

ドワジ・デーヌ

主要な商品	
シャトー・ドワジ・デーヌ Ch. Doisy Daëne	レクストラヴァガン・ド・ドワジ・デーヌ L'Extravagant de Doisy Daëne
シャトー・ドワジ・デーヌ・セック Ch. Doisy Daëne Sec	

ソーテルヌ地区2級格付けながらも、現在はその品質から1級と比肩する人気と価格を誇るワイナリー。「白ワインの魔術師」との異名をもつボルドー大学ドゥニ・ドゥブルデュー教授が所有。優良年だけ造る「レクストラヴァガン・ド・ドワジ・デーヌ」は、ボルドーの貴腐ワインのなかでも最高値で取り引きされるものの1つ。

The Guide to 400 Wine Producers with Profiles & Cuvées 13

ボルドー
Bordeaux

サン・テミリオン

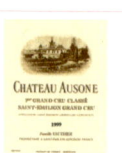

Ch. Ausone プルミエ・グラン・クリュ・クラッセA
オーゾンヌ

主要な商品	
シャトー・オーゾンヌ Ch. Ausone	シャトー・ムーラン・サン＝ジョルジュ Ch. Moulin Saint-Georges
シャペル・ドーゾンヌ Chapelle d'Ausone	

サン・テミリオンのコート地区にあり、サン・テミリオンの筆頭と讃えられてきた。名前はローマ詩人アンソニウスに因む。低迷期があったものの、1997年にヴォーティエ家の単独所有となってから経営方針が明確となり、品質改善が図られた。名門でありながらも技術革新に積極的で、力強くしなやかで豊潤なスタイルをもつ。

サン・テミリオン

Ch. Cheval Blanc プルミエ・グラン・クリュ・クラッセA
シュヴァル・ブラン

主要な商品
シャトー・シュヴァル・ブラン Ch. Cheval Blanc
ル・プティ・シュヴァル Le Petit Cheval

サン・テミリオンではオーゾンヌと比肩する評価を受ける。ポムロール村に隣接するグラーヴ地区（砂利質土壌であることから呼ばれる）にあるため、カベルネ・フランとメルロをほぼ同比率でブレンドし、芳醇でしなやかなスタイルをもつ。1998年からLVMH会長のベルナール・アルノーとベルギーの実業家アルベール・フレールの共同所有。

サン・テミリオン

Ch. Angélus プルミエ・グラン・クリュ・クラッセA
アンジェリュス

主要な商品	
	ル・プリュ・ド・ラ・フルール・ド・ブアール Le Plus de la Fleur de Boüard
シャトー・アンジェリュス Ch. Angélus	ラ・フルール・ド・ブアール La Fleur de Boüard
ル・カリヨン・ド・ランジェリュス Le Carillon de l'Angélus	ベルナール・ブジョル・エ・ユベール・ド・ブアール Bernard Pujol et Hubert de Boüard

モダン・サン・テミリオンの旗手として、1985年以降に大躍進を遂げた。1996年のクラッセB、2012年にクラッセAへの昇格を果たした。1924年にボウアール・ド・ラフォレ家が所有地に隣接する土地を購入して統合。教会や礼拝堂の3つの鐘の音が聞こえる土地であることから命名された。濃密でやわらかなスタイルが人気。

サン・テミリオン

Ch. Pavie プルミエ・グラン・クリュ・クラッセA
パヴィ

主要な商品	
	ラ・ロゼ・ド・パヴィ La Rosée de Pavie
シャトー・パヴィ Ch. Pavie	シャトー・パヴィ・ドゥセス Ch. Pavie Decesse
レ・ザローム・ド・パヴィ Les Arômes de Pavie	シャトー・モンブスケ Ch. Monbousquet

不可侵と思われたクラッセAへの昇格を2012年、アンジュリュスとともに遂げた。流通業で成功を収めたジェラール・ペルスが1998年に買収して以降、多大な投資により技術革新が図られた。濃密で現代的スタイルを誇るあまり、2003年産に関しては英米の評論家で激しい論争に発展したことでも話題になった。

14

Bordeaux

Ch. Figeac　　　　　　　　　　　　　　　　　　　　　プルミエ・グラン・クリュ・クラッセB

フィジャック

主要な商品

シャトー・フィジャック
Ch. Figeac

ル・グランジュ=ヌーヴ・ド・フィジャック
La Grange-Neuve de Figeac

シュヴァル・ブランを追うサン・テミリオンのグラーヴ地区の雄。3世紀にさかのぼる歴史をもち、前出のシュヴァル・ブランも元は地所の一部だった。両者とも土壌はほぼ同じ砂利質土壌であるが、こちらはカベルネ・ソーヴィニヨンとカベルネ・フラン、メルロをほぼ同比率で仕上げるため、質実で落ちついた雰囲気となる。

Ch.Bélair-Monange　　　　　　　　　　　　　　　　　プルミエ・グラン・クリュ・クラッセB

ベレール・モナンジュ

主要な商品

シャトー・ベレール=モナンジュ
Ch. Bélair-Monange

シャトー・トロタノワ
Ch. Trotanoy

シャトー・ラ・フルール=ペトリュス
Ch. la Fleur-Pétrus

ホザンナ
Hosanna

2007年にJ.P.ムエックス社が買収して改名したワイナリー（旧名ベレール）で、サン・テミリオン・グラン・クリュ・クラッセBに格付けされる。オーゾンヌに隣接する絶好の立地にあるものの、長らく低迷しており、復活が期待される。買収時に旧名とジャン=ピエールの母の名前を併せた。2012年に同じくクラッセBのマグドレーヌを統合。

Ch. Pavie-Macquin　　　　　　　　　　　　　　　　　プルミエ・グラン・クリュ・クラッセB

パヴィ・マッカン

主要な商品

シャトー・パヴィ・マッカン
Ch. Pavi Macquin

ル・ロゼ・ド・パヴィ・マッカン
Le Rosé de Pavie Macquin

2006年の格付けでクラッセBに昇格。その創業者は19世紀にフィロキセラ被害に悩んでいたサン・テミリオンで、接木法を初めて導入したアルベール・マッカン。現在もその姻戚が所有。1994年よりニコラ・ティエンポンが管理しており、ステファン・ドゥルノンクールの指導により高品質化。一時期、ビオディナミを実践していたこともある。

Ch. Troplong Mondot　　　　　　　　　　　　　　　　プルミエ・グラン・クリュ・クラッセB

トロロン・モンド

主要な商品

シャトー・トロロン・モンド
Ch. Troplong Mondot

モンド
Mondot

2006年の格付けでクラッセBに昇格。現代的で洗練されたスタイルが人気。18世紀以降、レイモンド・ド・セーズ家とトロロン家、ヴァレット家に継承されてきた地所。1980年代なかば女性当主クリスティーヌ・ヴァレットがミシェル・ロランを招き、最新の設備と技術で躍進へと導いたことは有名。

The Guide to 400 Wine Producers with Profiles & Cuvées **15**

ボルドー
Bordeaux

サン・テミリオン

Ch. de Valandraud

プルミエ・グラン・クリュ・クラッセB

ド・ヴァランドロー

主要な商品	
	ブラン・ド・ヴァランドロー NO.1 Blanc de Valandraud NO.1
シャトー・ド・ヴァランドロー Ch. de Valandraud	クロ・バドン Clos Badon
ヴィルジニ・ド・ヴァランドロー Virginie de Valandraud	シャトー・ベレール・ウイ・サンテミリオン Ch. Bel-Air-Ouy St. Emilion

2012年の格付けでクラッセBに昇格。ガレージ・ワインの旗手ジャン=リュック・テュヌヴァンの旗艦銘柄。1991年が初ヴィンテージながらも、ロバート・パーカーの激賞により、ル・パンに続くシンデレラ・ワインとして注目される。前回格付けでは批判的だったものの、今回は昇格のためワイナリー建設など十分な準備で臨んだ。

サン・テミリオン

La Mondotte

プルミエ・グラン・クリュ・クラッセB

ラ・モンドット

主要な商品	
ラ・モンドット La Mondotte	クロ・ド・ラ・ロラトワール Cros de l'Oratoire
シャトー・カノン・ラ・ガフリエール Ch. Canon la Gaffelière	シャトー・デギュー Ch. d'Aiguilhe

ナイペルグ伯爵が1971年から所有し、1998年のプリムールでサン・テミリオン最高値を記録。同系列のカノン・ラ・ガフリエールが昇格申請を却下されたことに反発し、1996年からガレージ・ワインを手掛けることを決意。わずか4haの畑から、きわめて現代的で豊満なスタイルを産む。2012年の格付けでクラッセBに昇格。

サン・テミリオン

Ch. Larcis Ducasse

プルミエ・グラン・クリュ・クラッセB

ラルシ・デュカス

主要な商品
シャトー・ラルシ・デュカス Ch. Larcie Ducasse

2012年の格付けでクラッセBに昇格、以前よりパヴィに隣接する土地は潜在性を期待されてきた。2002年からニコラ・ティエンポンとステファン・ドゥルノンクールの最強タッグが管理し、品質が飛躍的に向上。1941年からグラシオ家が所有しており、1990年からは化粧品大手ロレアルの重役でもある現当主ジャック=オリヴィエ・グラシオが所有。

サン・テミリオン

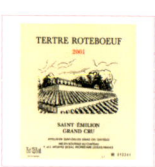

Ch. Tertre Roteboeuf

グラン・クリュ

テルトル・ロートブッフ

主要な商品	
シャトー・テルトル・ロートブッフ Ch. Tertre Roteboeuf	
ロック・ド・カンブ Roc de Cambes	

サン・テミリオンにおける元祖ガレージ・ワイン。低収量で遅摘みされた原料を新樽100%で仕上げ、圧倒的な濃密さと深みを誇る。現当主フランソワ・ミジャヴィル（1987年〜）の品質に対する態度は、「常軌を逸している」と揶揄されたりもしたが、ロバート・パーカーの絶賛により話題となる。現在は格付けを超えて、地方屈指の価格で取り引きされる。

16

Bordeaux

ポムロール

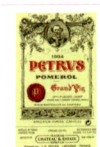

Ch. Pétrus
ペトリュス
主要な商品

シャトー・ペトリュス
Ch. Pétrus

地方最高値で取り引きされる元祖シンデレラ・ワイン。20世紀なかば、ルバ夫人とジャン＝ピエール・ムエックスの献身的努力により躍進を遂げる。2001年にJ.P.ムエックス社が単独所有となり、その旗艦銘柄となっていたものの、2009年に相続分割のためJ.P.ムエックスから独立。ポムロールの精髄ともいえる、しなやかで張りのあるスタイルを誇る。

ポムロール

Ch. Lafleur
ラフルール
主要な商品

シャトー・ラフルール
Ch. Lafleur

パンセ・ド・ラフルール
Pensées de Lafleur

トロタノワと並び、ペトリュスに次ぐ評価をもつポムロールの傑作で、ときには凌駕する実力といわれる。カベルネ・フラン主体の芳醇でしなやかなスタイルは、他に比べるものがないほど個性的。年産は2000ケースという稀少性の高さ。ギノードー家が所有し、ジャン＝ピエール・ムエックス社が販売を担当する。

ポムロール

Ch. le Pin
ル・パン
主要な商品

シャトー・ル・パン	シャトー・ピュイゲロー
Ch. le Pin	Ch. Puygueraud
ヴュー・シャトー・セルタン	
Vieux Château Certan	

ペトリュスを猛追してきたシンデレラ・ワインで、きわめて現代的な濃密でなめらかなスタイル。1979年にヴュー・シャトー・セルタンのティエンポン家が小区画を購入したのがはじまり。1980年代に彗星のように登場し、一時期は地方最高値で取り引きされるほど。近年はグラン・ヴァンの貫録が付き、エレガントなスタイルに落ちついてきた。

ポムロール

Ch. Trotanoy
トロタノワ
主要な商品

シャトー・トロタノワ	ホザンナ
Ch. Trotanoy	Hosanna
シャトー・ラ・フルール＝ペトリュス	シャトー・ベレール＝モナンジュ
Ch. la Fleur-Pétrus	Ch. Bélair-Monange

J.P.ムエックス社が1953年に買収したワイナリーで、ペトリュスを獲得するまでは同社の旗艦銘柄だった。両者は兄弟に喩えられ、ペトリュスの端正さに対して、濃密さが際立つといわれる。粘土と砂利からなる土壌は雨後に堅く締まるので、中世フランス語の「とても面倒な（trop anoi）」「とても憂鬱な（trop ennuyé）」が名前の由来とされる。

ポムロール

Ch. le Bon Pasteur
ル・ボン・パストゥール

主要な商品

シャトー・ル・ボン・パストゥール Ch. le Bon Pasteur	シャトー・ローラン=マイエ Ch. Rolland-Maillet
シャトー・フォントニル Ch. Fontenil	

世界を駆け巡る醸造コンサルタントのミシェル・ロランが所有するエステート・ワイナリー。1920年に縁戚が購入したものを1978年に継承。ミクロビュラージュや新樽熟成などの最新技術をいちはやく実践し、その効果を世に知らしめてきた。2008年からは赤ワインの小樽発酵を導入し、メルロ主体の現代的ではなやかなワインを手掛ける。

フラン

Ch.Puygueraud
ピュイゲロー

主要な商品

シャトー・ピュイゲロー Ch.Puygueraud	シャトー・レ・シャルム・ゴダール Ch. les Charmes Godard
ジョルジュ・キュヴェ・デュ・シャトー・ピュイゲロー George Cuvée du Ch. Puygueraud	シャトー・ラ・ブラード Ch. la Prade

ポムロールの名門であるティエンポン家が手掛けるバリュー・ワイン。その品質の高さと評論家たちの高評もあり、市場で人気となっている。1946年に購入していた地所を1970年代終わりに改植し、1983年が初ヴィンテージ。キュヴェ・ジョルジュはマルベックとカベルネ・フランを高比率でブレンドするユニークさで話題になる。

コート・ド・フラン

Ch. le Puy
ル・ピュイ

主要な商品

シャトー・ル・ピュイ Ch. le Puy	シャトー・ル・ピュイ・マリー=エリザ Ch. le Puy Marie-Elisa
シャトー・ル・ピュイ・バルテルミ Ch. le Puy Barthélemy	シャトー・ル・ピュイ・マリー=セシル Ch. le Puy Marie-Cécile

コート・ド・フラン地区に1610年創業のワイナリー。「畑には化学肥料や農薬などを一度も使ったことがない」というように、いまもアモロー家が自然農法によりワインを造り続ける。ボルドーでは数少ないビオディナミ農法を採用する自然派ワインで、その品質の高さもあって一部市場に牽引されて人気が急上昇。今やボルドーでも高嶺の花の1つ。

フロンサック

Ch. Moulin Haut-Laroque
ムーラン・オー=ラロック

主要な商品

シャトー・ムーラン・オー=ラロック Ch. Moulin Haut-Laroque	
シャトー・エルヴェ=ラロック Ch. Hervé-Laroque	

設立1607年の老舗で、格付けのないフロンサック村では最高評価を獲得している。古くからの顧客への販売を優先し、市場価格の高騰を防ぐために、高評価を付けた評論誌へ以後の掲載を辞退して話題になる。現主人ジャン=ノエル・エルヴェは丁寧な栽培や醸造で知られ、醸造時にはポンプを使わないなど入念ぶりでも知られる。

18

Bordeaux

カスティヨン

Clos Leo
クロ・レオ

主要な商品

| クロ・レオ
Clos Leo | キュヴェ・キャホリン
Cuvée Caroline |

日本人醸造家の篠原麗雄が2002年に設立したマイクロ・ワイナリー。輸入販売店に勤務している際、取引先だったジャン=リュック・テュヌヴァンに誘われて2000年に渡仏。カスティヨンに土地0.82haを購入して、ワインを造りはじめる。オーゾンヌのアラン・ヴォーティエなどの助けも借りながら、一切の妥協を許さず、努力と情熱を注いでいる。

カスティヨン

Ch. d'Aiguilhe
デギュイユ

主要な商品

| シャトー・デギュイユ
Ch. D'Aiguilhe | シャトー・カノン・ラ・ガフリエール
Ch. Canon la Gaffelière |
| ラ・モンドット
La Mondotte | |

ラ・モンドットやカノン・ラ・ガフリエールの所有者として知られるナイペルグ伯爵が手掛けるバリュー・ワイン。1990年にカスティヨンの地所を買収して、ステファン・ドゥルノンクールとともに改革を行ったことで、品質向上を遂げた。巧みなマーケティングもあって市場の人気を集め、地区では最高値のひとつとなっている。

コート・ド・カスティヨン

Ch. Poupille
プピーユ

主要な商品

| プピーユ
Poupille | プピーユ・アティピック
Poupille Atypic |
| シャトー・プピーユ
Ch. Poupille | イストワール・ダン・ヴァン・ル・ノワール
Histoire d'1 Vin le Noir |

無名産地でも名門に対抗できることを証明し、その後のバリュー・ワイン・ブームの火付け役となった。1992年にベルギーで開催された試飲会で、ペトリュスと優勝を競ったことで注目を集めた。当主フィリップ・カリーユがメルロの古樹にこだわり、きびしい収量制限を行った。2000年からは有機減農薬栽培を実践。

アントル・ドゥ・メール

Ch. Bonnet
ボネ

主要な商品

シャトー・ボネ Ch. Bonnet	シャトー・ボネ・ロゼ Ch. Bonnet Rosé
シャトー・ボネ・ブラン Ch. Bonnet Blanc	シャトー・ボネ・レゼルヴ Ch. Bonnet Réserve
	ディヴィヌス・ド・シャトー・ボネ Divinus de Ch. Bonnet

白赤を産出する大ワイナリーで、マルゴー村の名門リュルトン家が所有。20世紀なかば、当時ボルドー大学の教授だった故エミール・ペイノーの指導を受け、白ワインにおける低温発酵やスキン・コンタクトをいち早く導入。ボルドーにおける白ワインの可能性を示し、フレッシュ&フルーティ・ブームを先導した。

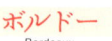

ボルドー
Bordeaux

アントル・ドゥ・メール

Vignobles Despagne

ヴィニョーブル・デスパーニュ

主要な商品	
シャトー・モン＝ペラ Ch. Mont-Pérat	シャトー・ローザン・デスパーニュ Ch. Rauzan Despagne
	シャトー・トゥール・ド・ミランボー Ch. Tour de Mirambeau
J.L.デスパーニュ・ジロラット J.L.Despagne Girolate	シャトー・ベレール・ベルポンシュール Ch. Bel Air Perponcher

デスパーニュ家はモン＝ペラをはじめとする、人気のバリュー・ワインなど6個のブランドを手掛ける。18世紀にドルドーニュ河畔のトゥール・ド・ミランボーでワイン造りを始めた。前当主ジャン＝ルイが南米や北米での研修経験から、最新設備を導入して品質向上を図る。上級商品ジロラットは有名品評会で優勝し、話題となった。

アントル・ドゥ・メール

Ch. Reignac

レイニャック

主要な商品
レイニャック・キュヴェ・スペシアル Reignac Cuvée Spéciale
シャトー・レイニャック Ch. Reignac

無名産地の新参者ながらも、しばしばコンテストで特級を凌駕するジャイアント・キラーとして有名。実業家イヴ・ヴァテロが1990年に購入して以降、大改修を行って品質向上を遂げた。赤ワインの小樽発酵を考案したほか、オクソライン・システムをいちはやく導入するなど、技術革新に意欲的。赤ワインに加えて白ワインも高評価。

ネゴシアン

Jean-Pierre Moueix

ジャン＝ピエール・ムエックス

主要な商品	
	メルロ・クリスチャン・ムエックス Merlot Christian Moueix
ポムロール・ジャン・ピエール・ムエックス Pomerol J.P. Moueix	ボルドー・シュペリュール・ジャン・ピエール・ムエックス Bordeaux Supérieur J.P. Moueix
サン・テミリオン・ジャン・ピエール・ムエックス St. Émilion J.P. Moueix	シャトー・バレイユ・デュ・ブラン グラン・クリュ Ch. Barrail du Blanc GC

リブルヌに本拠を置く名門ワイン商（1937年創業）で、右岸地区だけを専門に販売。トロタノワやラ・フルール・ペトリュスのほか、ドミナス（アメリカ）などいくつもの珠玉のワイナリーを所有、あるいは傘下に置く。ワイナリーの買収や独占販売権の獲得など積極的な戦略も華麗に成し遂げる見事な経営手腕。2009年に相続分割によりペトリュスが独立。

ネゴシアン

Compagnie des Vins de Bordeaux et de la Gironde

C.V.B.G.

主要な商品	
ヌメロ・アン Numero 1	エサンス・ド・ドゥルト Essence de Dourthe
グラン・テロワール・シリーズ Grands Terroirs	シャトー・ペイ・ラ・トゥール Ch. Pay la Tour

ボルドーの名門ワイン商として知られたドゥルト社（設立1840年）とクレスマン（同1871年）が1966年に合併して設立したホールディング会社。ネゴシアン・ボトルやグラン・クリュのプリムールの販売ばかりでなく、ワイナリー経営にも積極的で、長期契約畑はボルドーやラングドックで625haにも及ぶ。売上は年間150億円を超える。

20

The Guide to
400 Wine Producers
with Profiles & Cuvées

フランス ブルゴーニュ

Bourgogne, France

ブルゴーニュはフランス革命以降、相続や婚姻による土地の分割と統合が繰り返され、複雑な土地所有が行われている。しかも世代を経ると当主名にあわせて屋号が変更されることもあり、さらに分かりにくさが加わる。20世紀なかばからは栽培家による元詰めが広まり、ネゴシアンとドメーヌという生産形態が併存してきた。近年はネゴシアンが自社畑を拡張する一方、ドメーヌがネゴシアン・ブランドを転換する例も増えている。

Bourgogne

ブルゴーニュ

シャブリ

Dom. William Fèvre
ウィリアム・フェーヴル

主要な商品

シャブリ・グラン・クリュ・ブーグロ・コート・ブーグロ
Chablis GC Bougros Côte Bouguerots

シャブリ・グラン・クリュ・レ・クロ
Chablis GC les Clos

シャブリ・プルミエ・クリュ・フルショーム・ヴィニョーブル・ド・ヴォロラン
Chablis PC Fourchaume Vignoble de Voulorent

シャブリ・プルミエ・クリュ・モンテ・ド・トネール
Chablis PC Montée de Tonnerre

シャブリ
Chablis

シャブリ特級畑の最大所有者（100haのうち15.2ha）で、その品揃えはブランショを除くすべてを擁する。キンメリッジアン土壌こそがシャブリの個性と主張し、認定域拡大に反対してきた。1998年にアンリオ家に売却され、現在はブシャール社とともに傘下にある。以前は新樽熟成の推進派として有名だったが、いまはエレガントで芳醇なスタイルで好評。

シャブリ

Dom. Vincent Dauvissat
ヴァンサン・ドーヴィサ

主要な商品

シャブリ・グラン・クリュ・レ・クロ
Chablis GC les Clos

シャブリ・プルミエ・クリュ・ラ・フォレ
Chablis PC la Forest

シャブリ・プルミエ・クリュ・セシェ
Chablis PC Séchet

シャブリ
Chablis

シャブリ村に本拠を置く栽培農家で、親戚関係のラヴノーとともにシャブリの最高峰とされる。先代ルネは1930年代にいち早く元詰めを始めたことでも知られる。その地所はわずかに10haで、ほとんどが特級と1級。温度管理ができる発酵タンクは使うが、昔ながらのワイン造りを続ける。樽熟成にはシャブリ地方独特のフィエット（132ℓ）を使う。

シャブリ

Dom. François Ravenau
フランソワ・ラヴノー

主要な商品

シャブリ・グラン・クリュ・レ・クロ
Chablis GC les Clos

シャブリ・グラン・クリュ・ヴァルミール
Chablis GC Valmur

シャブリ・グラン・クリュ・ブランショ
Chablis GC Blanchots

シャブリ・プルミエ・クリュ・モンテ・ド・トネール
Chablis PC Montée de Tonnerre

新樽によって厚みを出す方法には反対の立場で、樽熟成を行うも古樽がほとんどという古典派。小規模ながらも地所は特級と1級のみで、地区最高値で取り引きされる。肉厚でかたいスタイルのため若いうちは気難しいものの、長期熟成を経てからの魅力は他のおよぶところではないといわれる。

シャブリ

La Chablisienne
ラ・シャブリジェンヌ

主要な商品

シャブリ・グラン・クリュ・グルヌイユ・シャト・グルヌイユ
Chablis GC Grenouilles Ch. Grenouilles

シャブリ・グラン・クリュ・レ・プルーズ
Chablis GC les Preuses

シャブリ・プルミエ・クリュ・フルショーム
Chablis PC Fourchaume

シャブリ・プルミエ・クリュ・モン・ド・ミリュー
Chablis PC Mont de Milieu

シャブリ・ラ・ピエレレ
Chablis la Pierrelée

1923年設立の協同組合で、地区生産量の約3割を占めるシャブリの最大生産者。組合員300人から構成され、栽培面積1,000haを抱える。一般的に協同組合は普及品を手掛けるものの、徹底した栽培管理や品質管理によって、特級や1級を含めて良質なワインを安定的に供給する。特級畑グルヌイユの8割を所有しており、旗艦銘柄でもある。

22

Bourgogne

シャブリ

ロン・デパキ
Dom. Long-Depaquit

主要な商品

シャブリ・グラン・クリュ・ラ・ムトンヌ
Chablis Grand Cru la Moutonne

シャブリ・グラン・クリュ・レ・クロ
Chablis Grand Cru les Clos

シャブリ・グラン・クリュ・レ・ヴォーデジール
Chablis Grand Cru Les Vaudésirs

シャブリきっての名門生産者であり、特級ラ・ムトンヌを単独所有することで有名。当地でブドウ栽培を発展させたポンティニー修道院が1128年から所有する地所が起源。革命時の院長ジャン・デパキが僧籍を離れ、1791年に弟で管財人のシモンとともに競売で取得。その後、縁戚のロン家が継承して発展。1967年からワイン商ビショー社が所有。

コート・ド・ニュイ

ジュヴレ・シャンベルタン

アルマン・ルソー
Dom. Armand Rousseau

主要な商品

シャンベルタン・クロ・ド・ベーズ・グラン・クリュ
Chambertin-Clos de Bèze GC

シャンベルタン・グラン・クリュ
Chambertin GC

リュショット・シャンベルタン・グラン・クリュ・クロ・デ・リュショット
Ruchottes-Chambertin GC Clos des Ruchottes

ジュヴレ・シャンベルタン・プルミエ・クリュ・クロ・サン・ジャック
Gevrey-Chambertin PC Clos St. Jacques

ジュヴレ・シャンベルタン
Gevrey-Chambertin

地方屈指と讃えられるワイナリーで、地所15haのうち特級と1級で12haという珠玉の品揃え。なかでも傑出のシャンベルタンとクロ・ド・ベーズは有名。飾り立てすぎず、優美で芳醇。1909年から3世代を重ねる名門で、いちはやく1930年頃に元詰め。2012年にマカオの富豪が買ったシャトー・ジュヴレ・シャンベルタンを委託されて話題になる。

コート・ド・ニュイ

ジュヴレ・シャンベルタン

クロード・デュガ
Dom. Claude Dugat

主要な商品

シャルム・シャンベルタン・グラン・クリュ
Charmes-Chambertin GC

グリオット・シャンベルタン・グラン・クリュ
Griotte-Chambertin GC

シャペル・シャンベルタン・グラン・クリュ
Chapelle-Chambertin GC

ジュヴレ・シャンベルタン・プルミエ・クリュ・ラボー・サン・ジャック
Gevrey-Chambertin PC Labaux St-Jacques

ジュヴレ・シャンベルタン
Gevrey-Chambertin

同村で6世代を重ねる栽培農家で、5代目となる現当主クロードが1982年から元詰め。農耕馬の復活など、いちはやく有機栽培を導入する一方、ワインは濃密な現代的スタイル。所有地は6haと小規模であることから、特級グリオットは地方屈指の高値となった。2002年には子供たちがジブリオットの商標でネゴシアンをはじめた。

コート・ド・ニュイ

ジュヴレ・シャンベルタン

トラペ・ペール・エ・フィス
Dom. Trapet Père et Fils

主要な商品

シャンベルタン・グラン・クリュ
Chambertin GC

シャペル・シャンベルタン・グラン・クリュ
Chapelle-Chambertin GC

ジュヴレ・シャンベルタン・プルミエ・クリュ・プティ・シャペル
Gevrey-Chambertin PC Petit Chapelle

ジュヴレ・シャンベルタン・オストレア
Gevrey-Chambertin Ostrea

ブルゴーニュ・ルージュ
Bourgogne Rouge

1868年から6世代を重ねる栽培農家で、地所13haの大半が特級と1級という資産家。一時期は低迷していたものの、現当主ジャン=ルイが1996年からビオディナミ栽培を実践するなど、品質改善を遂げた。2002年からは当主夫人の実家から相続したアルザスも手掛ける。同村にあるロシニョール・トラペは1990年に相続分割により設立されたもの。

The Guide to 400 Wine Producers with Profiles & Cuvées

ブルゴーニュ
Bourgogne

Dom. Denis Mortet　　　　　　　　　　　　　　　　　　ジュヴレ・シャンベルタン
ドゥニ・モルテ

主要な商品

マルサネ・レ・ロンジュロワ
Marsannay les Longeroies

ブルゴーニュ・ルージュ
Bourgogne Rouge

ブルゴーニュ・ブラン
Bourgogne Blanc

ドゥニ・モルテは相続したわずかな畑で、1991年からワイン造りをはじめる。土地を買い増しながら、90年代なかばには同村で最高評価を受ける生産者の1つとなる。2006年に当主ドゥニが猟銃自殺したものの、息子アルノーがその名前を残して継承。父の濃密なスタイルとは違い、自然派に傾倒しており、濃密で優雅なスタイルをめざす。

Dom. Bernard Dugat-Py　　　　　　　　　　　　　　　ジュヴレ・シャンベルタン
ベルナール・デュガ=ピ

主要な商品

シャンベルタン・グラン・クリュ
Chambertin GC

マジ・シャンベルタン・グラン・クリュ
Mazis-Chambertin GC

シャルム・シャンベルタン・グラン・クリュ
Charmes-Chambertin GC

ジュヴレ・シャンベルタン・プルミエ・クリュ・プティ・シャペル
Gevrey-Chambertin PC Petit Chapelle

ジュヴレ・シャンベルタン・クール・ド・ロワ
Gevrey-Chambertin Coeur de Roy

従兄のクロード・デュガとともに、カルト的な人気を誇る。現当主ベルナール・デュガが1989年に元詰めをはじめるまで、ワインのほとんどをルロワなどの一流ワイン商に卸していた。いちはやく1970年代から減農薬栽培を実践し、きびしい収量制限を行う。1級以上は新樽熟成を行っており、濃密で豪華な現代的スタイルが人気。

Dom. Bruno Clair　　　　　　　　　　　　　　　　　　　　　　　マルサネ
ブルーノ・クレール

主要な商品

シャンベルタン・クロ・ド・ベーズ・グラン・クリュ
Chambertin-Clos de Bèze GC

ジュヴレ・シャンベルタン・プルミエ・クリュ・クロ・サン・ジャック
Gevrey-Chambertin PC Clos St-Jacques

マルサネ・レ・グラス・テート・ルージュ
Marsannay les Grasses Têtes Rouge

サヴィニ・レ・ボーヌ・プルミエ・クリュ・ラ・ドミノード
Savigny-lès-Beaune PC La Dominode

コルトン・シャルルマーニュ・グラン・クリュ
Corton-Charlemagne GC

マルサネ・ロゼを産み出すなど、20世紀なかばまで伝説的な評価を得ていたクレール=ダユ家の流れを組む。相続問題により継承が困難となったため、同家は消滅したものの（高名な畑のいくつかはルイ・ジャドが買収）、1979年に息子ブルーノ・クレールが再興。ワインはニュイ地区を中心として、たくましく、気品に溢れた秀逸なものが揃っている。

Dom. Dujac　　　　　　　　　　　　　　　　　　　　　　　モレ・サン・ドゥニ
デュジャック

主要な商品

クロ・ド・ラ・ロッシュ・グラン・クリュ
Clos de la Roche GC

エシェゾー・グラン・クリュ
Échezeaux GC

ジュヴレ・シャンベルタン・プルミエ・クリュ・オー・コンボット
Gevrey-Chambertin PC Aux Combottes

ジュヴレ・シャンベルタン（デュジャック・フィス・エ・ペール）
Gevrey-Chambertin

モレ・サン・ドゥニ（デュジャック・フィス・エ・ペール）
Morey-Saint-Denis

ベルギー出身の資産家ジャック・セイスが1968年に設立。いまではブルゴーニュのトップ生産者の1つ。濃密でやわらかな現代的スタイルで一世を風靡し、1980年代後半から1990年代前半は地方屈指の評価を獲得。2000年には息子ジェレミーがデュジャック・フィス・エ・ペールの商標でネゴシアンをはじめた。

24

Bourgogne

コート・ド・ニュイ

Dom. Perrot-Minot

ペロ＝ミノ

モレ・サン・ドゥニ

主要な商品

シャンベルタン・クロ・ド・ベーズ・グラン・クリュ
Chambertin-Clos de Bèze GC

シャンボール・ミュズィニ・プルミエ・クリュ・ラ・コンブ・ドルヴォー
Chambolle-Musigny PC la Combe d'Orveau

ヴォーヌ・ロマネ・シャン・ペルドリ
Vosne-Romanée Champs Perdrix

モレ・サン・ドゥニ
Morey-Saint-Denis

発酵前低温浸漬や高比率の新樽熟成を行い、現代的スタイルの生産者のなかでも最も前衛的。1973年にアルマン・メルムが分割され、ペロ・ミノとトープノ・メルムが設立された。1993年にクリストフ・ペロが相続し、1999年には引退したベルナン・ロサンの畑を継承して拡大。異論はあるものの、圧倒的な凝縮感と新樽風味が一部で人気となる。

コート・ド・ニュイ

Dom. Ponsot

ポンソ

モレ・サン・ドゥニ

主要な商品

グリオット・シャンベルタン
Griotte-Chambertin

クロ・ド・ラ・ロッシュ・ヴィエイユ・ヴィーニュ
Clos de la Roche VV

モレ・サン・ドゥニ・プルミエ・クリュ・モン・リュイザン
Morey-Saint-Denis PC Mont Luisants

シャンボール・ミュズィニ・プルミエ・クリュ
Chambolle Musigny PC

モレ・サン・ドゥニ・キュヴェ・デ・グリーヴ
Morey-Saint-Denis Cuvée des Grives

1872年から4世代を重ねる栽培農家で、特級クロ・ド・ラ・ロッシュの最大所有者（16.62haのうち3.35ha）。1988年から醸造で二酸化硫黄の代わりに不活性ガスを使う野心的な試みを行うものの、そのワインはいわゆる自然派的なスタイルではなく、力強くクリアな仕上がり。流通段階での劣化を懸念して、温度感知機能の付いた裏ラベルを添付する。

コート・ド・ニュイ

Dom. Robert Groffier Père et Fils

ロベール・グロフィエ・ペール・エ・フィス

モレ・サン・ドゥニ

主要な商品

シャンベルタン・クロ・ド・ベーズ・グラン・クリュ
Chambertin-Clos de Bèze GC

ボンヌ・マール・グラン・クリュ
Bonne-Mares GC

シャンボール・ミュズィニ・プルミエ・クリュ・レ・ザムルーズ
Chambolle-Musigny PC les Amoureuses

ジュヴレ・シャンベルタン
Gevrey-Chambertin

ブルゴーニュ・ピノ・ノワール
Bourgogne Pinot Noir

隣村のシャンボール・ミュズィニを中心に手掛け、1990年代以降は地方屈指の評価を得る。きびしい収量制限に加えて、発酵前低温浸漬や高比率の新樽熟成により、濃密で現代的なワインに仕上げる。1933年から4世代を重ねる栽培農家で、2代目当主ロベールが1973年から元詰めをはじめた。現在も生産量の2割をジョゼフ・ドルーアンに卸す。

コート・ド・ニュイ

Dom. Comte Georges de Vogüe

コント・ジョルジュ・ド・ヴォギュエ

シャンボール・ミュズィニ

主要な商品

ミュズィニ・グラン・クリュ・ヴィエイユ・ヴィーニュ・ルージュ
Musigny GC VV Rouge

ボンヌ・マール・グラン・クリュ
Bonnes-Mares GC

シャンボール・ミュズィニ・プルミエ・クリュ・レ・ザムルーズ
Chambolle-Musigny PC les Amoureuses

シャンボール・ミュズィニ・プルミエ・クリュ
Chambolle-Musigny PC

ブルゴーニュ・ブラン
Bourgogne Blanc

地方屈指の名門であり、特級ミュズィニの最大所有者（約7割）。一時期低迷したものの、1995年以降は栽培や醸造を見直し、優雅さと力強さを表現する。ミュズィニの一部でシャルドネを栽培しており、ニュイ地区では例外的な特級白も有名（改植のため1994年からACブルゴーニュで販売）。相続人エリザベスはロワールのラドゥーセット男爵夫人。

ブルゴーニュ
Bourgogne

ジャック・フレデリック・ミュニエ
Dom. Jacques Frédéric Mugnier　シャンボール・ミュズィニ

主要な商品

ミュズィニ・グラン・クリュ
Musigny GC

シャンボール・ミュズィニ・プルミエ・クリュ・レ・ザムルーズ
Chambolle-Musigny PC les Amoureuses

シャンボール・ミュズィニ・プルミエ・クリュ・レ・フュエ
Chambolle-Musigny PC les Fuées

シャンボール・ミュズィニ
Chambolle-Musigny

ニュイ・サン・ジョルジュ・プルミエ・クリュ・クロ・ド・ラ・マレシャル
Nuits-Saint-Georges PC Clos de la Maréchale

1889年から5世代を重ねる資産家で、畑の賃貸契約が切れた1985年に現当主ジャック＝フレデリックが設立。村内の特級や1級からなる珠玉の品揃えを抱え、優美さや繊細さを大切にする秀逸な仕上がり。2004年にフェヴレ社に貸していたニュイ・サン・ジョルジュ1級クロ・ド・ラ・マレシャル（9.5ha）が戻り、規模が従来（4ha）の3倍に拡大。

ジョルジュ・ルーミエ
Dom. George Roumier　シャンボール・ミュズィニ

主要な商品

ミュズィニ・グラン・クリュ
Musigny GC

ボンヌ・マール・グラン・クリュ
Bonnes-Mares GC

シャンボール・ミュズィニ・プルミエ・クリュ・レ・ザムルーズ
Chambolle-Musigny PC les Amoureuses

モレ・サン・ドゥニ・プルミエ・クリュ・クロ・ド・ラ・ビュシェール
Morey-Saint-Denis PC Clos de la Bussière

コルトン・シャルルマーニュ・グラン・クリュ
Corton-Charlemagne GC

1924年から3世代を重ねる栽培農家で、世界的に大人気を獲得している。1982年に継承した現当主クリストフが大規模な改革を行い、有機栽培や収量抑制などを実践して、優美でしなやかなスタイルへと品質向上を図る。なかでも2樽だけの特級ミュズィニは稀少性から地方最高値の1つ。近年、借地からのものをクリストフ・ルーミエの商標で販売。

アンヌ・グロ
Dom. Anne Gros　ヴォーヌ・ロマネ

主要な商品

リシュブール・グラン・クリュ
Richburg GC

クロ・ヴージョ・グラン・クリュ・ル・グラン・モーペルテュイ
Clos-Vougeot GC le Grand Maupertui

ヴォーヌ・ロマネ・レ・バロー
Vosne-Romanée les Barreaux

ブルゴーニュ・オート・コート・ド・ニュイ・ルージュ
Bourgogne Hautes Côtes de Nuits Rouge

ブルゴーニュ・ピノ・ノワール
Bourgogne Pinot Noir

名門グロ一族の1つで、伝説的な造り手ルイ・グロの孫娘アンスが1995年に父フランソワから継承。きびしい収量制限や高比率の新樽熟成により、濃密で現代的なワインを手掛け、地方屈指の人気を得ている。2008年からジャン＝ポール・トロと共同で南仏ミネルヴォワでもワインを造る。ポマール村のアンヌ＝フランソワ・グロは従姉にあたる。

アンリ・ジャイエ
Dom. Henri Jayer　ヴォーヌ・ロマネ

主要な商品

ヴォーヌ・ロマネ・クロ・パラントゥ
Vosne-Romanée Cros-Parantoux

リシュブール・グラン・クリュ
Richburg GC

エシェゾー・グラン・クリュ
Échezeaux GC

ヴォーヌ・ロマネ
Vosne-Romanée

ニュイ・サン・ジョルジュ
Nuits-Saint-Georges

「神」と讃えられ、その門下生にはジャン＝ニコラ・メオ（メオ・カミュゼ）など多数。化学農法による低迷期に陥ったブルゴーニュで、自然な農法に努めた。低温浸漬による肉厚で華やかなスタイルを誇る。旗艦銘柄の1級クロ・パラントゥをはじめ、2006年は天文学的な高値で取り引きされる。引退後、甥のエマニュエル・ルジェが継承。

Bourgogne

Dom. Emmanuel Rouget
エマニュエル・ルジェ

ヴォーヌ・ロマネ

主要な商品

ヴォーヌ・ロマネ
Vosne-Romanée

ヴォーヌ・ロマネ・プルミエ・クリュ・クロ・パラントゥー
Vosne-Romanée PC Cros Parantoux

サヴィニ・レ・ボーヌ
Savigny-lès-Beaune

エシェゾー・グラン・クリュ
Échezeaux GC

ブルゴーニュ・パストゥグラン
Bourgogne Passetoutgrains

「神」と讃えられたアンリ・ジャイエ（2006年逝去）の甥で、その後継者として引退時（1988年）に畑を継承。叔父の教えを受け継ぎ、100％除梗や低温浸漬、新樽熟成を行う。ジャイエ一族が所有する畑を管理しており、ジョルジュ・ジャイエで販売されるワインもルジェが手掛ける。2005年からは長男がニコラ・ルジェとしてアリゴテなどを販売。

Dom. du Comte Liger-Bélair
デュ・コント・リジェ＝ベレール

ヴォーヌ・ロマネ

主要な商品

ヴォーヌ・ロマネ・クロ・デュ・シャトー
Vosne-Romanée Clos du Château

ラ・ロマネ・グラン・クリュ
La Romanée GC

ヴォーヌ・ロマネ・ラ・コロンビエール
Vosne-Romanée la Colombière

ヴォーヌ・ロマネ・プルミエ・クリュ・オー・レニョ
Vosne-Romanée PC Aux Reignots

バロン・ダ「アリストス」
Baron d'A "Aristos"

シャトー・ド・ヴォーヌ・ロマネの屋号で呼ばれる名家で、1815年にルイ・リジェ＝ベレール子爵が地所を購入したのがはじまり。7代目となる現当主ルイ＝ミシェルが2000年に元詰めをはじめるまで、ルロワなどの名門ネゴシアンたちに畑を貸していた。なかでも特級ラ・ロマネ（2002年までブシャール社が独占販売）を単独所有することは有名。

Dom. de la Romanée-Conti
ド・ラ・ロマネ＝コンティ

ヴォーヌ・ロマネ

主要な商品

リシュブール・グラン・クリュ
Richbourg GC

ロマネ・コンティ・グラン・クリュ
Romanée-Conti GC

ロマネ・サン・ヴィヴァン・グラン・クリュ
Romanée-St.-Vivant GC

ラ・ターシュ・グラン・クリュ
La Tâche GC

ヴォーヌ・ロマネ・プルミエ・クリュ・デュヴォー・ブロシェ
Vosne-Romanée PC Duvault-Blochet

おそらく世界最高値となるロマネ・コンティをはじめとして、ラ・ターシュ（ともに単独所有）やリシュブール、ロマネ・サン・ヴィヴァンなどの特級畑を所有。自然派志向が強く、そのスタイルは独特のもので、「バラ」に喩えられる華やかさは別次元のよう。ド・ヴィレーヌ家とロック家の共同経営で、ルロワ家が株式の一部を現在も保有。

Dom. François Lamarche
フランソワ・ラマルシュ

ヴォーヌ・ロマネ

主要な商品

クロ・ド・ヴージョ・グラン・クリュ
Clos-de-Vougeot GC

ラ・グランド・リュ・グラン・クリュ
La Grande Rue GC

グラン・エシェゾー・グラン・クリュ
Grands-Échezeaux GC

ヴォーヌ・ロマネ・レ・ショーム・プルミエ・クリュ
Vosne-Romanée les Chaumes PC

エシェゾー・グラン・クリュ
Échezeaux GC

1740年にはじまる素封家で、地所10haの半分は特級と1級で占められている。また、1992年から特級に認められたグランド・リュを単独所有することでも有名。1985年にフランソワ（2013年逝去）が継承するも長く低迷。2006年から娘ニコルが運営するようになり、濃密で新樽風味のはっきりとした現代的なスタイルに転換し、徐々に評価が上がっている。

The Guide to 400 Wine Producers with Profiles & Cuvées

ブルゴーニュ
Bourgogne

Dom. Bruno Clavelier

ブルーノ・クラヴリエ

ヴォーヌ・ロマネ

主要な商品

シャンボール・ミュズィニ・プルミエ・クリュ・ラ・コンブ・ドルヴォー
Chambolle-Musigny PC la Combe d'Orveaux

ヴォーヌ・ロマネ・プルミエ・クリュ・レ・ボー・モン
Vosne-Romanée PC les Beaux Monts

ヴォーヌ・ロマネ・ラ・モンターニュ
Vosne-Romanée la Montagne

ブルゴーニュ・パストゥグラン
Bourgogne Passetougrain

コルトン・グラン・クリュ
Corton GC

1860年から5世代を重ねる栽培農家で、5代目となる現当主ブルーノが1987年に継承。いちはやく減農薬栽培やビオディナミ栽培を実践した先駆的存在。自然派ワインとしては優美でたおやかなスタイル。地所6.5haはヴォーヌ・ロマネ村を中心に所有しており、特級ミュズィニに隣接する1級コンブ・ドルヴォーが旗艦銘柄で評価が高い。

Dom. Michel Gros

ミシェル・グロ

ヴォーヌ・ロマネ

主要な商品

ヴォーヌ・ロマネ・プルミエ・クリュ・クロ・デ・レア
Vosne-Romanée PC Clos des Réas

ヴォーヌ・ロマネ・プルミエ・クリュ・オー・ブリュレ
Vosne-Romanée PC Aux Brûlée

ヴォーヌ・ロマネ
Vosne-Romanée

ブルゴーニュ・オート・コート・ド・ニュイ
Bourgogne Hautes Côtes de Nuits

名門グロ一族の総領で、伝説的な造り手の祖父ルイと父ジャンの跡を継ぎ、1995年に継承。近年は果汁濃縮や新樽熟成による濃密で現代的なスタイルに転換。相続時の分割により、パラン家(ポマール村)に嫁いだ妹アンヌ=フランソワがA.F.グロを設立。弟ベルナールは後継者のいなかった叔父・叔母のグロ・フレール・エ・スールを1980年に継承。

Dom. Méo-Camuzet

メオ=カミュゼ

ヴォーヌ・ロマネ

主要な商品

リシュブール・グラン・クリュ
Richbourg GC

クロ・ヴージョ・グラン・クリュ
Clos Vougeot GC

ヴォーヌ・ロマネ・プルミエ・クリュ・クロ・パラントゥー
Vosne-Romanée PC Cros Parantoux

ニュイ・サン・ジョルジュ・プルミエ・クリュ・オー・ブド
Nuits-Saint-Georges PC Aux Boudots

マルサネ(フレール・エ・スール)
Marsannay (Frère & Soeurs)

20世紀初から4世代を重ねる栽培農家で、国会議員や閣僚を輩出した名家。1985年に元詰めをはじめるまでアンリ・ジャイエが管理し、現当主ジャン=ニコラ・メオもその指導を受けた。師匠ゆずりの低温浸漬による濃密で華やかなスタイルが人気を博し、地方屈指の高値。1999年からメオ=カミュゼ・フレール・エ・スールというネゴシアンも展開。

Dom. Mongeard-Mugneret

モンジャール=ミュニュレ

ヴォーヌ・ロマネ

主要な商品

リシュブール・グラン・クリュ
Richebourg GC

グラン・エシェゾー・グラン・クリュ
Grand-Échezeaux GC

エシェゾー・グラン・クリュ・ヴィエイユ・ヴィーニュ
Échezeaux GC VV

クロ・ヴージョ・グラン・クリュ
Clos Vougeot GC

ヴォーヌ・ロマネ・プルミエ・クリュ・レ・プチ・モン
Vosne-Romanée PC les Petits Monts

1620年から8世代を重ねる栽培農家で、所有地33haを抱える資産家。5個の特級をはじめ、35個のアペラシオンからなる珠玉の品揃え。村内にはリシュブールというホテルも経営。1985年に現当主ヴァンサンが継承し、減農薬栽培をいちはやく実践。ラベルに描かれた「手のひらとぶどう」がシンボル。

28

Bourgogne

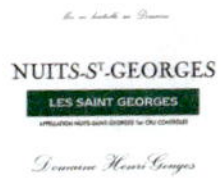

Dom. Henri Gouges
アンリ・グージュ

ニュイ・サン・ジョルジュ

主要な商品

ニュイ・サン・ジョルジュ・プルミエ・クリュ・クロ・デ・ポレ・サン・ジョルジュ・ルージュ・モノポール
Nuits-Saint-Georges PC Clos des Porrets Saint-Georges Rouge Monopole

ニュイ・サン・ジョルジュ・プルミエ・クリュ・レ・サン・ジョルジュ
Nuits-Saint-Georges PC les Saint-Georges

ニュイ・サン・ジョルジュ・プルミエ・クリュ・レ・ヴォークラン
Nuits-Saint-Georges PC les Vaucrains

ニュイ・サン・ジョルジュ・プルミエ・クリュ・レ・プリュリエ
Nuits-Saint-Georges PC les Pruliers

ニュイ・サン・ジョルジュ
Nuits-Saint-Georges

1925年に小作人だったアンリが耕地を購入して設立。20世紀初めにアルマン・ルソーやダンジェルヴィユとともに、元詰め運動を牽引。コート・ドールの栽培家組合長を務め、ブルゴーニュワインの普及のためにシュヴァリエ・ド・タストヴァンという表彰制度を1948年に設けた。1967年に同氏が死去した後は息子のミシェルとマルセルの兄弟が運営。

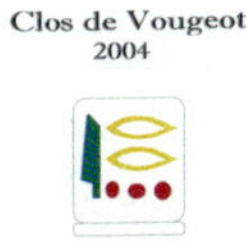

Dom. Prieuré Roch
プリューレ・ロック

ニュイ・サン・ジョルジュ

主要な商品

ニュイ・サン・ジョルジュ・プルミエ・クリュ・クロ・デ・コルヴェ
Nuits-Saint-Georges PC Clos des Corvées

ニュイ "アン"
Nuits "1"

ヴォーヌ・ロマネ・ル・クロ・ゴワイヨット
Vosne-Romanée le Clos Goillotte

シャンベルタン・クロ・ド・ベーズ・グラン・クリュ
Chambertin-Clos de Bèze GC

ブルゴーニュ・グラン・オルディネール・ブラン
Bourgogne Grand Ordinaire Blanc

ラルー・ビーズ=ルロワの甥で、ロマネ=コンティ社の共同経営者であるアンリ=フレデリック・ロックが1988年に設立。ビオディナミ栽培の実践者であり、涼しい年でも補糖をせず、酸化防止剤の使用も抑えるなど、自然派志向が最も強い人。ワインは若いうちから赤橙色の色あいやドライ・フラワーを思わせる熟成感があって独特のスタイルをもつ。

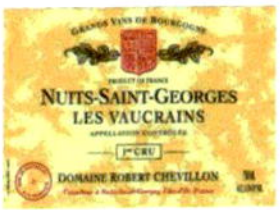

Dom. Robert Chevillon
ロベール・シュヴィヨン

ニュイ・サン・ジョルジュ

主要な商品

ニュイ・サン・ジョルジュ・プルミエ・クリュ・レ・サン・ジョルジュ
Nuits-Saint-Georges PC les Saint-Georges

ニュイ・サン・ジョルジュ・プルミエ・クリュ・レ・ヴォークラン
Nuits-Saint-Georges PC les Vaucrains

ニュイ・サン・ジョルジュ・プルミエ・クリュ・レ・ロンシエール
Nuits-Saint-Georges PC les Roncières

ニュイ・サン・ジョルジュ・ヴィエイユ・ヴィーニュ
Nuits-Saint-Georges VV

ブルゴーニュ・ルージュ
Bourgogne Rouge

ニュイ・サン・ジョルジュ村で最高評価の指標的存在。1977年にロベールがネゴシアンへの樽売りをやめ、すべてを元詰めに転換したことで、評価が著しく向上。流行の発酵前低温浸漬や高比率の新樽熟成は行わず、伝統的な醸造方法を用いるものの、力強く濃密なワインに仕上げる。1990年に法人化し、2人の息子ドゥニとベルトランが運営する。

Dom. Bonneau du Martray
ボノー・デュ・マルトレ

ペルナン・ヴェルジュレス

主要な商品

コルトン・シャルルマーニュ・グラン・クリュ
Corton-Charlemagne GC

コルトン・グラン・クリュ
Corton GC

地方屈指の名家で、地所11haはすべて特級という稀有なワイナリー。現当主ジャン=シャルル・ド・ラ・モリニエールは15世紀にオテル・デュー（ボーヌ施療院）を建てたニコラ・ロランの直系子孫。1886年にシャルルマーニュ大帝が所有したと伝えられるコルトン・シャルルマーニュの畑を購入。しっかりとした古典的スタイルは長熟後に真価を発揮。

The Guide to 400 Wine Producers with Profiles & Cuvées

ブルゴーニュ
Bourgogne

コート・ド・ボーヌ

Hospices de Beaune　　　　　　　　　　　　　　　　　　　　　　　　　ボーヌ
オスピス・ド・ボーヌ

主要な商品

マジ・シャンベルタン・マドレーヌ・コリニョン
Mazis-Chambertin Madelaine Collignon

クロ・ド・ラ・ロッシュ・シロ・ショードロン
Clos de la Roche Cyrot Chaudron

ボーヌ・ニコラ・ロラン
Beaune Nicolas Rolin

コルトン・シャルルマーニュ・フランソワ・ド・サラン
Corton-Charlemagne François de Salins

バタール・モンラッシェ・ダム・ド・フランドル
Bâtard-Montrachet Dames de Flandres

1443年ブルゴーニュ公国の財務長官ニコラ・ロランの夫人が私財を投じて設立した施療院。寄進された畑から造られたワインを卸売りし、得られた収益を維持のために使用。1859年からは毎年11月第3日曜日にボーヌで競売を行ってきた。100区画（60ha）の所有地があり、2013年は43銘柄を造る。施療院は現在、ボーヌ市民病院として引き継がれている。

コート・ド・ボーヌ

Dom. Remoissenet Père et Fils　　　　　　　　　　　　　　　　　　　　ボーヌ
ルモワスネ・ペール・エ・フィス

主要な商品

ル・モンラッシェ・グラン・クリュ
Le Montrachet GC

リシュブール・グラン・クリュ
Richebourg GC

クロ・ド・ラ・ロッシュ
Clos de la Roche

ブルゴーニュ・ロイヤル・クラブ
Bourgogne Royals Club

ブルゴーニュ・ルノメ
Bourgogne Renomée

「飲み頃だけを出荷する」ことで知られる、古酒を得意とするネゴシアンで、備蓄在庫は60万本を超える。1877年にピエール・ルモワスネにより設立。当主ピエールは鑑定眼を買われて、ワイン・ショップ・チェーン大手ニコラの購買担当も務めた。後継者がいなかったことから、2005年に米国人実業家エドワード・ミルシュテインに売却された。

コート・ド・ボーヌ

Dom. de Montille　　　　　　　　　　　　　　　　　　　　　　　　　ヴォルネイ
ド・モンティーユ

主要な商品

ヴォルネイ・プルミエ・クリュ・レ・シャンパン
Volnay PC les Champans

ヴォルネイ・プルミエ・クリュ・レ・タイユピエ
Volnay PC les Taillepieds

ポマール・プルミエ・クリュ・グラン・ゼプノ
Pommard PC Grands Épenots

ピュリニィ・モンラッシェ・プルミエ・クリュ・カイユレ
Puligny-Montrachet PC Caillerets

リュリー・プルミエ・クリュ・ル・クルー（ドゥー・モンティーユ・スール・フレール）
Rully PC les Clous (Deux Montille Sœur Frère)

17世紀なかばまで遡る伯爵家で、一族は弁護士や会計士として都市で暮らしていたものの、現当主エティエンヌが1996年ワイン造りに専念。いちはやく減農薬栽培を実践したほか、いまも優美な古典的なスタイルを守る。2003年に子供たちがドゥー・モンティーユというネゴシアンを設立。2012年にはシャトー・ド・ピュリニィ・モンラッシェを買収。

コート・ド・ボーヌ

Dom. Marquis d'Angerville　　　　　　　　　　　　　　　　　　　　　ヴォルネイ
マルキ・ダンジェルヴィーユ

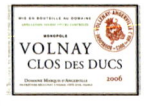

主要な商品

ヴォルネイ・プルミエ・クリュ・クロ・デ・デュック
Volnay PC Clos des Ducs

ヴォルネイ・プルミエ・クリュ・タイユピエ
Volnay PC Taillepieds

ヴォルネイ・プルミエ・クリュ・カイユレ
Volnay PC Caillerets

ムルソー・プルミエ・クリュ・サントノ
Meursault PC Santenots

ブルゴーニュ・アリゴテ
Bourgogne Aligoté

地方屈指の名門で、歴代当主はワイン界に大きな功績。地所15haのうち、単独所有のクロ・デ・デュックは12世紀のブルゴーニュ公爵に由来。1804年にメニル男爵が設立、1906年に大甥セム・ダンジェルヴィーユ男爵が継承。元詰めの先駆者として原産地制度制定に尽力。息子ジャックはディジョン大学に研究所設立。2003年から孫ギヨームが継承。

Bourgogne

コート・ド・ボーヌ

Dom. J.F. Coche-Dury

ムルソー

ジャン=フランソワ・コシュ=デュリ

主要な商品

ムルソー・プルミエ・クリュ・ペリエール
Meursault PC Perrière

ムルソー
Meursault

コルトン・シャルルマーニュ・グラン・クリュ
Corton-Charlemagne GC

ブルゴーニュ・アリゴテ
Bourgogne Aligoté

1920年に小作人からはじめた栽培農家で、3世代を重ねる間に徐々に地所を増やし、現在は10haを抱える。1974年に現当主ジャン=フランソワ・コシュが継承する際、夫人の旧姓を加えた。若いうちは気難しく、長熟後に真価を発揮する。旗艦銘柄コルトン・シャルルマーニュは天文学的な地方最高値の白ワイン。生産量の3分の1はネゴシアンに卸す。

コート・ド・ボーヌ

Dom. des Comtes Lafon

ムルソー

デ・コント・ラフォン

主要な商品

ムルソー・プルミエ・クリュ・ペリエール
Meursault PC Perrières

ムルソー・クロ・ド・ラ・バール
Meursault Clos de la Barre

モンラッシェ・グラン・クリュ
Montrachet GC

ヴォルネイ・プルミエ・クリュ・サントノ・デュ・ミリュー
Volnay PC Santenots-du-Milieu

マコン・ミリィ・ラマルティーヌ(レ・ゼリティエ・デュ・コント・ラフォン)
Mâcon Milly Lamartine 「Les Héritiers du Comte Lafon」

村内の1級を中心に卓越した白を手掛ける生産者。遅摘みや収量制限、無濾過による力強いスタイルで評判となった。当主ドミニクは近年、有機栽培に取り組むほか、マコン地区でネゴシアン部門(レ・ゼリティエ・デュ・コント・ラフォン)を立ち上げた。ブルゴーニュ最大のワイン祭「栄光の3日間」の午餐を創始した曾祖父ジュールをもつ名門。

コート・ド・ボーヌ

Dom. d'Auvenay

ムルソー

ドーヴネ

主要な商品

マジ・シャンベルタン
Magis-Chambertin

ボンヌ・マール
Bonnes-Mares

シュヴァリエ・モンラッシェ
Chevalier-Montrachet

クリオ・バタール・モンラッシェ
Criots-Bâtard Montrachet

ブルゴーニュ・アリゴテ
Bourgogne Aligoté

ルロワ社の女性当主ラルー・ビース=ルロワが個人所有するワイナリーで、ドメーヌ・ルロワなどとともに地方最高値で取り引きされる。1988年に夫の故マルセル・ビーズと購入。ドメーヌは髙島屋との共同所有であるのに対し、個人の哲学が色濃く反映されると言われる。ビオディナミ栽培ときびしい収量制限を実践し、不作年は特級や1級を造らない。

コート・ド・ボーヌ

Etienne Sauzet

ピュリニィ・モンラッシェ

エティエンヌ・ソゼ

主要な商品

シュヴァリエ・モンラッシェ・グラン・クリュ
Chevalier-Montrachet GC

バタール・モンラッシェ・グラン・クリュ
Bâtard-Montrachet GC

ピュリニィ・モンラッシェ・プルミエ・クリュ・レ・フォラティエール
Puligny-Montrachet PC Les Folatières

ピュリニィ・モンラッシェ
Puligny-Montrachet

ブルゴーニュ・ブラン
Bourgogne Blanc

1925年に夫人の実家から譲られた畑をもとにエティエンヌが設立。1974年に孫娘と結婚したジェラール・ブードが継承。1991年に同じく孫のジャン=マルク・ボワイヨに畑の一部が相続分割され、地所が9haに縮小。生産量維持のため、原料購入による生産に転換。地方屈指と評価されたドメーヌ時代に比べ、価格は抑えられており、品質も維持している。

The Guide to 400 Wine Producers with Profiles & Cuvées

ブルゴーニュ
Bourgogne

コート・ド・ボーヌ

Dom. Leflaive
ルフレーヴ

主な商品

ル・モンラッシェ・グラン・クリュ
Le Montrachet GC

バタール・モンラッシェ・グラン・クリュ
Bâtard-Montrachet GC

ピュリニィ・モンラッシェ

ピュリニィ・モンラッシェ・プルミエ・クリュ・レ・クラヴァイヨン
Puligny-Montrachet PC les Clavoillon

ブルゴーニュ・ブラン
Bourgogne Blanc

マコン・ヴェルゼ
Mâcon Verzé

地方最高峰の白ワインと讃えられる生産者で、地所25haの大半を特級と1級が占める。フランス初の潜水艦を設計した技師ジョゼフ・ルフレーヴが1920年に設立。現在は孫娘アンヌ＝クロードが運営し、ビオディナミ栽培を実践。透明感に満ちた古典的スタイル。2004年からマコンも手掛ける。従兄のオリヴィエは自身でネゴシアンを1984年に設立。

コート・ド・ボーヌ

Dom. Ramonet
ラモネ

主な商品

ル・モンラッシェ・グラン・クリュ
Le Montrachet GC

シャサーニュ・モンラッシェ・プルミエ・クリュ・ブードリオット
Chassagne-Montrachet PC Boudriottes

シャサーニュ・モンラッシェ

シャサーニュ・モンラッシェ・プルミエ・クリュ・レ・リュショット
Chassagne-Montrachet PC les Ruchottes

シャサーニュ・モンラッシェ・プルミエ・クリュ・クロ・サン・ジャン
Chassagne-Montrachet PC Clos Saint Jean

シャサーニュ・モンラッシェ・プルミエ・クリュ・モルジョ
Chassagne-Montrachet PC Morgeot

地方最高峰の白ワインと讃えられる生産者で、地所17haの7割を特級と1級が占める。1920年代はじめにピエール・ラモネが元詰めをはじめた（当時はラモネ＝プルドンとして販売）。現在は孫のノエルとジャン＝クロードの兄弟が運営し、有機栽培と収量制限を実践。新樽比率を抑えた古典的スタイルは堅く引き締まり、長熟後に真価を発揮する。

コート・シャロネーズ

Dom. A. et P.de Villaine
A.&P. ド・ヴィレーヌ

主な商品

ブーズロン
Bouzeron

メルキュレ・レ・モント
Mercurey les Montots

リュリー・レ・サン・ジャック
Rully les Saint-Jacques

ブルゴーニュ・コート・シャロネーズ・レ・クルー
Bourugogne Côte Chalonnaise les Clous

ブルゴーニュ・コート・シャロネーズ・ラ・ディゴワンヌ
Bourugogne Côte Chalonnaise la Digoine

ロマネ＝コンティ社の共同経営者であるオベール・ド・ヴィレーヌが所有するドメーヌ。ブーズロンのアリゴテが今日の名声を得るための牽引的役割を果たした。夫人の従兄弟がカリフォルニアのブドウ栽培家ラリー・ハイドであることからアメリカへ進出。そこから原料供給を受けて、2000年に「HdV（ハイド＆ド・ヴィレーヌ）」を立ち上げる。

コート・シャロネーズ

Dom. Vincent Dureuil-Janthial
ヴァンサン・デュルイユ・ジャンティアル

主な商品

リュリー・プルミエ・クリュ・ル・メ・カド
Rully PC le Meix Cadot

リュリー・メジエール
Rully Maizières

シャロネーズ地区の白ワインでは最高評価を得ている生産者で、現当主ヴァンサン・デュルイユは1996年に父よりドメーヌを継承した若手。白ワインの評価がきわめて高く、アメリカでは「ベビー・モンラッシェ」の異名を取るほどに賞賛されている。一方、赤ワインも近年は人気が高く、コート・ドールに負けない品質で知られる。

32

Bourgogne

マコネ

Dom. de la Bongran
ド・ラ・ボングラン

主要な商品

マコン・ヴィラージュ・キュヴェ・ボトリティス
Mâcon-Villages Cuvée Botrytis

マコン・ヴィラージュ・キュヴェ・ルヴルテ
Mâcon-Villages Cuvée Levroutée

ヴィレ・クレッセ・キュヴェ・E.J.テヴネ
Viré-Clessé Cuvée E.J. Thevenet

マコン・ヴィラージュ・テヴネ・エ・フィス
Mâcon-Villages Thevenet et Fils

15世紀に遡ることができる栽培農家で、地方屈指のユニークなワインを手掛けることで有名。当たり前のように有機減農薬栽培を実践し、数年越しで発酵を行うなど人為的操作を排除した、むかしながらの醸造を行う。

ボージョレ

Georges Dubœuf
ジョルジュ・デュブッフ

主要な商品

ボージョレ
Beaujolais

ボージョレ・ヴィラージュ
Beaujolais Villages

サンタムール
Saint-Amour

フルーリー
Fleurie

マコン
Mâcon

ボージョレでは最大規模を誇る生産者で、現当主ジョルジュ・デュブッフはその功績から「ボージョレの帝王」と呼ばれる。1964年の会社設立後、アメリカや日本へのマーケティングに注力し、それまで田舎酒だったものを世界的な人気銘柄に育てた。膨大な輸出量を誇るだけでなく、品質的にも安定している。花柄をあしらったラベルで親しまれている。

ボージョレ

Marcel Lapierre
マルセル・ラピエール

主要な商品

モルゴン
Morgon

レザン・ガリア
Raisins Gaulois

エル・パイス・クエンフアノ
El Pais de Quenehuao

ボージョレでは最高評価を受ける生産者で、前当主マルセル・ラピエール（2010年逝去）は自然派のカリスマ的存在。20世紀はじめから4世代を重ねる栽培農家で、1973年にマルセルが継承。1981年から有機栽培を実践し、自然派の礎を築いた。現在は息子マチューが継承しており、故マルセル夫人マリーはシャトー・カンボンを経営。

全域で活躍するネゴシアン

Albert Bichot

ボーヌ
アルベール・ビショー

主要な商品

ボージョレ・ヴィラージュ
Beaujolais Villages

ジュヴレ・シャンベルタン・ラ・キュヴェ・デュ・ジェネラル・ルグラン
Gevrey-Chambertin la Cuvée du Général Legrand

シャンベルタン・グラン・クリュ（クロ・フランタン）
Chambertin GC (Clos Frantin)

シャブリ・グラン・クリュ・ムートンヌ（ロン・デパキ）
Chablis GC Moutonne (Long-Depaquit)

ボーヌ・レ・ゼプノ（パヴィヨン）
Beaune les Épenotes (Pavillon)

輸出量では地方最大規模を誇るネゴシアンで、ブルゴーニュに加えてコート・デュ・ローヌなどを幅広く扱う。ロン・デパキやクロ・フランタンなど、4軒の名門ドメーヌを傘下に置く。1831年にベルナール・ビショーが設立し、現在は6世代目が家族経営を維持。1998年以降はオスピス・ド・ボーヌのワインの最大購入者としても有名。

ブルゴーニュ
Bourgogne

全域で活躍するネゴシアン

Vincent Girardin   ムルソー
ヴァンサン・ジラルダン

主な商品

ロマネ・サン・ヴィヴァン・グラン・クリュ
Romanée St. Vivant GC

エシェゾー・グラン・クリュ
Échézeaux GC

ポマール・プルミエ・クリュ・グラン・ゼプノ
Pommard PC Grands Epenots

ブルゴーニュ・ルージュ・キュヴェ・サン・ヴァンサン
Bourgogne Rouge Cuvée Saint-Vincent

コルトン・シャルルマーニュ・グラン・クリュ
Corton-Charlemagne GC

ムルソー村に本拠を置く、規模よりも品質を重視するブティック・タイプのネゴシアン。1982年にヴァンサンがワイナリーを継承し、1995年にネゴシアン・ビジネスを展開。ブルゴーニュのあらゆる地区や階級のワインを手掛け、濃密な現代的スタイルは「割安ながらも傑出している」と評価される。後継者と健康の問題から2012年に売却。

全域で活躍するネゴシアン

Verget   マコン
ヴェルジェ

主な商品

バタール・モンラッシェ・グラン・クリュ
Bâtard-Montrachet GC

プイィ・フュイッセ
Pouilly-Fuissé

シャブリ
Chablis

マコン・ヴィラージュ
Mâcon Villages

ヴァン・ド・ペイ・ド・ヴォークルーズ（ヴェルジェ・デュ・スッド）
Vin de Pay de Vaucluse (Verget du Sud)

当主ジャン・マリー・ギュファンが1976年にベルギーから移り住み、1990年に設立した新進ネゴシアン。シャブリからマコンにいたるまでの白を専門に手掛け、新樽熟成による厚みのあるスタイルが好評。当時、無名に近かった産地の可能性を世に知らしめた功績は大きい。ドメーヌものはギュファン・エナンの名前で販売される。

全域で活躍するネゴシアン

Chanson Père et Fils   ボーヌ
シャンソン・ペール・エ・フィス

主な商品

ボーヌ・プルミエ・クリュ・クロ・デ・フェーヴ
Beaune PC Clos des Fèves

サヴィニー・ドミノド・プルミエ・クリュ
Savigny Dominod PC

ボージョレ・ヴィラージュ
Beaujolais Villages

ペルナン・ヴェルジュレス・プルミエ・クリュ・レ・カラドゥー
Pernand-Vergelesses PC les Caradeux

ヴィレ・クレッセ
Viré-Clessé

シモン・ヴェリーが1750年に設立したワイン商で、ボーヌでもっとも古いものの1つ。1847年から1999年まではシャンソン家が経営していたものの、その後はシャンパーニュのボランジェが買収。現在はその投資のもとで、畑の拡張や設備の更新を行う。地所は現在38haに及ぶ。ボランジェが樽発酵で使う古樽はシャンソンから提供される。

全域で活躍するネゴシアン

Faiveley   ニュイ・サン・ジョルジュ
フェヴレ

主な商品

シャンベルタン クロ・ド・ベーズ・グラン・クリュ
Chambertin-Clos de Bèze GC

コルトン・グラン・クリュ・クロ・デ・コルトン
Corton GC Clos des Cortons

ニュイ・サン・ジョルジュ・プルミエ・クリュ・レ・ダモード
Nuits-Saint-Georges PC les Damodes

メルキュレ・プルミエ・クリュ・クロ・デ・ミグラン
Mercurey PC Clos des Myglands

コルトン・シャルルマーニュ・グラン・クリュ
Corton-Charlemagne GC

1825年創業の名門で、コート・ドールとシャロネーズに自社畑120haを抱える。ネゴシアン大手と見られるが、生産比率8割が自社栽培、とくに上級品は自社栽培のみ。一時期、現代的スタイルを模索する動きもあったが、古典的でしっかりとしたスタイルは定評がある。メルキュレでは栽培面積の10分の1を所有し、発展の立役者となった。

Bourgogne

全域で活躍するネゴシアン

Dominique Laurent
ドミニク・ローラン

ニュイ・サン・ジョルジュ

主要な商品

マジ・シャンベルタン・グラン・クリュ・キュヴェ・ヴィエイユ・ヴィーニュ
Mazis-Chambertin GC Cuvée VV

シャンボール・ミュズィニ・プルミエ・クリュ・レ・ザムルーズ
Chambolle-Musigny PC les Amoureuses

ブルゴーニュ・ヌメロ・アン
Bourgogne Numero 1

シャブリ・プルミエ・クリュ・モンマン
Chablis PC Montmains

ボージョレ・ヴィラージュ・ヌーヴォー
Beaujolais Villages Nouveau

ベルギーから移住し、1989年に設立したブティック・タイプのネゴシアン。元洋菓子職人という異色の転身。濃密さを際立たせるために新樽比率を高め、一時は「200%」といった熟成方法が話題になり、価格が高騰したこともある。時流が自然志向に移ったことで、近年はビオディナミを実践し、ほどよく抑制を効かせたスタイルになった。

全域で活躍するネゴシアン

Philippe Pacalet
フィリップ・パカレ

ボーヌ

主要な商品

シャルム・シャンベルタン・グラン・クリュ
Charmes-Chambertin GC

ポマール・プルミエ・クリュ
Pommard PC

ペルナン・ヴェルジュレス
Pernand-Vergelesses

ブルゴーニュ
Bourgogne

コルトン・シャルルマーニュ・グラン・クリュ
Corton-Charlemagne GC

自然派におけるスター的存在のネゴシアンで、自然派重鎮の故マルセル・ラピエールの甥でもある。1992年までプリューレ・ロックの醸造責任者として活躍した後、独立。ロックを去る際、ロマネ＝コンティ社からの醸造責任者としてのスカウトを辞退したことが伝説的に語られる。近年、安定的な品質で人気が高い。

全域で活躍するネゴシアン

Bouchard Père et Fils
ブシャール・ペール・エ・フィス

ボーヌ

主要な商品

シュヴァリエ・モンラッシェ・グラン・クリュ・ラ・カボット
Chevalier-Montrachet GC la Cabotte

ムルソー・プルミエ・クリュ・ペリエール
Meursault PC Perrières

ボーヌ・グレーヴ・プルミエ・クリュ・ヴィーニュ・ド・ランファン・ジュス
Beaune Greves PC Vigne de l'Enfant Jesus

ヴォルネイ・プルミエ・クリュ・カイユレ・アンシェン・キュヴェ・カルノ
Volnay PC Caillerets Ancienne Cuvée Carnot

ブルゴーニュ・ラ・ヴィネ
Bougogne la Vinée

18世紀創業の名門で、130haに及ぶ地所を所有し、特級・1級比率が高い。一時期、低迷していたものの、1995年にシャンパーニュのジョゼフ・アンリオが買収して以降、品質向上。ボーヌ地区を得意としており、特級モンラッシェやコルトンなどを所有。1級ながらも単独所有のボーヌ・グレーヴ「ランファン・ジェズ（幼きイエス）」は地方屈指の逸品。

全域で活躍するネゴシアン

Joseph Drouhin
ジョゼフ・ドルーアン

ボーヌ

主要な商品

ボーヌ・プルミエ・クリュ・クロ・デ・ムーシュ・ブラン
Beaune PC Clos des Mouches Blanc

シャブリ・グラン・クリュ・ヴォーデジール
Chablis GC Vaudesir

ミュズィニ・グラン・クリュ
Musigny GC

コート・ド・ボーヌ・ルージュ
Côtes de Beaune Rouge

モンラッシェ・グラン・クリュ・マルキ・ド・ラギッシュ
Montrachet GC Marquis de Laguiche

1880年にボーヌに設立されたネゴシアンで、現在も頑なに家族経営を守る。シャブリ地区を中心に約75haの自社畑を所有する。大手ネゴシアンにしてはめずらしく、1990年代よりビオディナミ農法を実践（2007年に完全に転換）。また、1988年にはいち早く米国オレゴン州に地所を求め、オレゴン興隆の牽引となる。

ブルゴーニュ
Bourgogne

全域で活躍するネゴシアン

Mommessin
ボージョレ

モメサン

主要な商品

クロ・ド・タール・グラン・クリュ
Clos de Tart GC

モレ・サン・ドゥニ・プルミエ・クリュ・ラ・フォルジュ
Morey St.Denis PC la Forge

ボージョレ・ヴィラージュ・ヴィエイユ・ヴィーニュ
Beaujolais Villages VV

モメサン・ヴァン・ドック・シラーズ・ピノ・ノワール
Mommessin Vin d'Oc Shiraz Pinot Noir

モメサン・ペイ・ドック・メルロ
Mommessin Pays d'Oc Merlot

1865年創業の老舗ネゴシアンで、主にボージョレとマコンのワインを取り扱っており、ボージョレの販売量ではジョルジュ・デュブッフに次ぐ第2位。モレ・サン・ドゥニ村の特級クロ・ド・タールを1932年から単独所有。12世紀にタール尼僧院が開墾した地方屈指の歴史を誇る畑として知られる。

Louis Jadot
ボーヌ

ルイ・ジャド

主要な商品

ジュヴレ・シャンベルタン・プルミエ・クリュ・クロ・サン・ジャック
Gevrey-Chambertin PC Clos Saint-Jacques

ミュズィニ・グラン・クリュ
Musigny GC

ボーヌ・プルミエ・クリュ・クロ・デ・ズルシュール
Beaune PC Clos des Ursules

シュヴァリエ・モンラッシェ・グラン・クリュ・レ・ドゥモワゼル
Chevalier-Montrachet GC les Demoiselles

ムーラン・ナ・ヴァン・クロ・デュ・グラン・カルクラン・シャトー・デ・ジャック
Moulin à Vent Clos du Grand Carquelin Château des Jacques

19世紀創業の名門ネゴシアンで、中世のジャコバン修道会にたどることができる旧家。自社畑は特級と1級のみを20ha所有する。熟成により開花する、力強くかための古典的な仕上がりで、その卓越性は尊敬の的となっている。合理性に富む近代的な醸造所も話題。ボージョレの最高峰シャトー・デ・ジャックなど、いくつかのワイナリーも傘下に置く。

Louis Latour
アロース・コルトン

ルイ・ラトゥール

主要な商品

コルトン・シャルルマーニュ・グラン・クリュ
Corton-Charlemagne GC

シャンベルタン・キュヴェ・エリティエ・ラトゥール・グラン・クリュ
Chambertin Cuvée Héritiers Latour GC

プイイ・フュイッセ
Pouilly-Fuissé

シャトー・コルトン・グランセイ・グラン・クリュ
Ch. Corton Grancey GC

グラン・アルデッシュ・シャルドネ
Grand Ardèche Chardonnay

現在は上級白では屈指とされるネゴシアンだが、元はコルトンで定評のあったドメーヌ。白のコルトン・シャルルマーニュおよび赤のコルトンに広大な地所をもつ。前者はネゴシアンものとして販売するが、アペラシオンの指標的存在と評価される。一方、コルトンのいくつかの地所産を混ぜたコルトン・グランセイも出色の出来映え。

Leroy
オーセイ・デュレス

ルロワ

主要な商品

リシュブール・グラン・クリュ（ドメーヌ・ルロワ）
Richbourg GC

ニュイ・サン・ジョルジュ・プルミエ・クリュ・レブド（ドメーヌ・ルロワ）
Nuits-Saint-Georges les Boudots PC

シュヴァリエ・モンラッシェ・グラン・クリュ（ドメーヌ・ドーヴネ）
Chevalier-Montrachet GC

ブルゴーニュ・ルージュ／ブラン（メゾン・ルロワ）
Bourgogne Rouge/Blanc

ジゴンダス（メゾン・ルロワ）
Gigondas

ブルゴーニュでは最高評価の名門ネゴシアンで、200万本という膨大なストックを抱える素封家。1988年には高島屋の資本協力によりシャルル・ノエラを買収し、ドメーヌ・ルロワを設立。いちはやくビオディナミによる栽培を実践するなど、さらなる高品質化を図る。一部評論家には「ロマネ＝コンティ社を凌駕する」との賞賛もある。

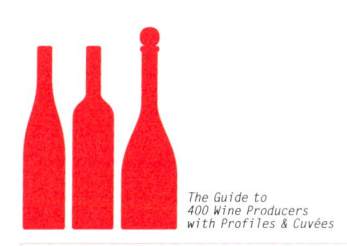

The Guide to
400 Wine Producers
with Profiles & Cuvées

フランス シャンパーニュ

Champagne, France

シャンパーニュは栽培農家と製造会社の分業化が確立しているのが特徴である。1万5000軒以上の栽培農家（うち6000軒が兼業醸造者に登録）が9割の耕作地を抱えるものの、グラン・メゾンと呼ばれる約100軒の製造会社が総売上の7割、輸出量の9割を占める。高品質・安定化は資本力に比例するとされ、資本関係の系列化が進められてもきた。そのゆり返しとして、近年は元詰めを行う小規模な栽培農家も一部で注目を集めている。

シャンパーニュ Champagne

モンターニュ・ド・ランス

アンリオ
Henriot — ランス

主な商品	
	ブラン・スーヴェラン・ピュール・シャルドネ Blanc Souverain Pur Chardonnay
キュヴェ・デ・アンシャンタールール Cuvée des Enchanteleurs	ブリュット・スーヴェラン Brut Souverain
キュヴェ・ミレジメ Cuvée Millésimé	キュヴェ・レゼルヴ・バロン・フィリップ・ド・ロートシルト Cuvée Réserve Baron Philippe de Rothschild

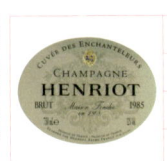

1808年にアンリオ家が設立した老舗製造会社で、現在も家族経営を続ける。先々代当主ジョゼフ・アンリオは経営手腕を買われ、一時期ヴーヴ・クリコ社の社長も務め、その間はLVMHの傘下となる。1994年から再び独立。ブルゴーニュのブシャールとウィリアム・フェーヴルを傘下に置く。自社畑比率8割に加え、熟成原酒比率が高く、精妙なスタイル。

ヴーヴ・クリコ＝ポンサルダン
Veuve Clicquot-Ponsardin — ランス

主な商品	ヴィンテージ Vintage
ラ・グラン・ダム La Grande Dame	イエロー・ラベル Yellow Label
ヴィンテージ・リッチ Vintage Rich	ホワイト・ラベル・ドゥミ・セック White Label Demi Sec

1772年に銀行家フィリップ・クリコ＝ムーリオンが設立。早逝した2代目の意志を受け継ぎ、ニコル・クリコ（クリコ未亡人）が革命期の難局を乗り切る。動瓶による滓抜き技術を考案して大発展を遂げる。「ヴーヴ・クリコ・イエロー」と呼ばれる黄色のラベルが有名。1987年に高級ブランドのLVMHの傘下となる。優美で口あたりがよい。

クリュッグ
Krug — ランス

主な商品	コレクシオン Collection
クロ・ダンボネ Clos d'Ambonnay	グランド・キュヴェ Grande Cuvée
クロ・デュ・メニル Clos du Mesnil	ロゼ Rosé

シャンパーニュの最高峰と讃えられ、その熱狂ぶりは「クリュギスト」と呼ばれる信奉者を抱えるほど。年間生産量の5倍の原酒を備蓄するぜいたくな造り。一部は樽発酵を用い、豊潤で重厚なスタイルを守り続ける。1999年にLVMHグループの傘下となるも、家族経営は維持。旗艦銘柄のクロ・ダンボネとクロ・デュ・メニルは単一畑を掲げる稀有なもの。

G.H.マム
Mumm — ランス

主な商品	マム・コルドン・ルージュ Mumm Cordon Rouge
マム・ド・クラマン Mumm de Cramant	マム・ドゥミ・セック Mumm Demi Sec
マム・ミレジメ Mumm Millésimé	マム・ロゼ Mumm Rosé

業界3位の生産規模を誇る巨大製造会社。F-1のスポンサー企業でもあり、ヴィクトリー・シャワーに用いられる。ドイツでワインを手掛けるピーター＝アーノルド・マム男爵が1827年に設立、1852年から現社名。当時のルネ・ラルー社長が昭和初期にパリで活躍する藤田嗣治の後見となったことから、本社向かいに画伯が壁画を描いた礼拝堂がある。

38

Champagne

モンターニュ・ド・ランス

Taittinger　　　　　　　　　　　　　　　　　　　　　　　ランス

テタンジェ

主要な商品	
コント・ド・シャンパーニュ・ブラン・ド・ブラン Comtes de Champagne Blanc de Blancs	ノクターン・セック Nocturne Sec
プレリュード・グラン・クリュ Prélude Grand Cru	ブリュット・レゼルヴ Brut Réserve
	コレクシオン Collection

1932年から名門テタンジェ家が所有する大手製造会社で、シャルドネ比率の高い軽快な辛口が特徴。ピエール=シャルルがマルケトリー城とともに、それを保有する製造会社フォレスト・フルノー社（1734年設立）を買収。2005年に米国投資会社が買収するも、農業銀行の協力で買い戻す。高級ホテルのクリヨンや宝飾ガラスのバカラなどを傘下に置く。

モンターニュ・ド・ランス

Piper-Heidsieck　　　　　　　　　　　　　　　　　　　　ランス

パイパー=エイドシック

主要な商品	
レア・ヴィンテージ Rare Vintage	ブリュット Brut
ブリュット・ヴィンテージ Brut Vintage	ロゼ・ソヴァージュ Rosé Sauvage

カンヌ国際映画祭の公式シャンパーニュとして有名。MLFを行わず、引き締まった深みのある独特のスタイル。服飾デザイナーのジャン=ポール・ゴルチエがデザインした特別ボトルが話題。1785年にエイドシック家が設立した製造会社（1838年から現社名）で、エイドシック・モノポールやシャルル・エイドシックはここから分かれたもの。

モンターニュ・ド・ランス

Bruno Paillard　　　　　　　　　　　　　　　　　　　　ランス

ブルーノ・パイヤール

主要な商品	
エヌ・ピー・ユー N.P.U.	ブラン・ド・ブラン・プリヴェ Blanc de Blancs Privée
ブリュット・アッサンブラージュ Brut Assemblage	ブリュット・プルミエール・キュヴェ Brut Première Cuvée

1981年にブルーノ・パイヤールが設立した製造会社で、第二次世界大戦後に設立された製造会社としては唯一のもの。温度管理された最新工場で一番搾りだけを用い、一部を樽発酵させて、肉厚で熟成感のあるスタイルに仕上げる。全商品に澱抜きの日付を打刻し、愛好家の信頼を獲得。ランソン-BBCグループの最大株主でもある。

モンターニュ・ド・ランス

Pommery　　　　　　　　　　　　　　　　　　　　　　ランス

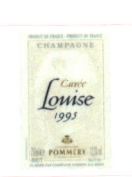

ポメリー

主要な商品	
キュヴェ・ルイーズ Cuvée Louise	ブリュット・ロワイヤル Brut Royal
ブリュット・ミレジメ Brut Millésimé	ポップ POP
	ブリュット・ロゼ Brut Rosé

業界2位の生産規模を誇る巨大製造会社で、19世紀なかばから英国市場に辛口をいちはやく打ち出し、大成功を収めた。1856年にルイ=アレクサンドル・ポメリーがナルシス・グレノ社（1836年設立）に参画し、その死後にルイーズ夫人が事業拡大を遂げた。2002年に買収され、現在はヴランケン・ポメリー・モノポール社の中核を担う。

シャンパーニュ
Champagne

Lanson Père et Fils　　　　　　　　　　　　　　　　　　　　　　　　　　　　ランス

ランソン・ペール・エ・フィス

主要な商品	ゴールド・ラベル・ヴィンテージ・ブリュット Gold Label Vintage Brut
ノーブル・キュヴェ・ヴィンテージ・ブラン・ド・ブラン Noble Cuvée Vintage Blanc de Blancs	ブラック・ラベル・ブリュット Black Label Brut
ノーブル・キュヴェ・ヴィンテージ・ブリュット Noble Cuvée Vintage Brut	ロゼ・ラベル・ブリュット Rosé Label Brut

業界6位の大手製造会社で、2006年にブルーノ・パイヤール社が率いるボワゼル・シャノワール・シャンパーニュ・グループに統合（現ランソン-BCC）。1760年に当時の行政長官フランソワ・ドゥラモットが設立。1828年にジャン＝バティスト・ランソンが参画し、1838年に現社名になる。生産量の9割を占める代表銘柄の黒ラベルで親しまれている。

Ruinart　　　　　　　　　　　　　　　　　　　　　　　　　　　　　　　　　　ランス

リュイナール

主要な商品	
ドン・リュイナール・ブラン・ド・ブラン・ミレジメ Dom Ruinart Blanc de Blancs Millésimé	ロゼ Rosé
ブラン・ド・ブラン Blanc de Blancs	"R"ド・リュイナール・ブリュット "R"de Ruinart Brut

ブラン・ド・ブランでは最高評価を受けており、「シャルドネ・ハウス」と讃えられるほど。ドン・ペリニヨンの協力者ルイナール修道士の甥ニコラ・ルイナールが1729年に設立。現存する製造会社のなかでは最古といわれる。ランス市内で最深のセラーを備え、業界初の長期の瓶熟成を行った。1963年にモエ・エ・シャンドン社の傘下となる。

Louis Roederer　　　　　　　　　　　　　　　　　　　　　　　　　　　　　　　ランス

ルイ・ロデレール

主要な商品	ブリュット・プルミエ Brut Premier
クリスタル・ブリュット Cristal Brut	カルト・ブランシュ Carte Blanche
クリスタル・ロゼ Cristal Rosé	ロデレール・エステート・ブリュット（カリフォルニア） Roederer Estate Brut (California)

ロシア皇帝アレクサンドル2世に献上した最高級品クリスタルが有名。熱烈な愛好家を抱える。1833年にルイ・ロデレールが叔父の製造会社（1766年設立）を譲られて改名。1975年に縁戚にあたるルゾー家が継承し、現在も家族経営を続ける。近年はカリフォルニアに進出するほか、ピション・ロングヴィル・コンテス・ド・ラランドなどを傘下に置く。

Jacquesson　　　　　　　　　　　　　　　　　　　　　　　　　　　　　　　　ディジー

ジャクソン

主要な商品	シャンパーニュ・グラン・クリュ・アヴィズ Champagne GC Avize
コルヌ・ボートレイ Corne Bautray	シャンパーニュ・キュヴェ Champagne Cuvée
ジャクソン ヴィンテージ Jacquesson Vintage	ジャクソン ロゼ Jacquesson Rosé

1798年にジャクソン家が設立した製造会社で、ナポレオンがマリー＝ルイーズとの結婚式に用い、その礼にメダルを授かったほどの名門。ミュズレやキャプシュルを初めて採用した。1974年からシケ家が所有。小規模で自社畑比率6割のぜいたくな造りは地方屈指の高評価。主力商品はキュヴェ番号を掲げ、それぞれのブレンドの個性を尊重する。

Champagne

アルマン・ド・ブリニャック
Armand de Brignac — シニー・レ・ロゼ

モンターニュ・ド・ランス

主要な商品	
	ブラン・ド・ブラン Blanc de Blancs
ブリュット・ゴールド Brut Gold	キャティア・ブリュット・アイコン Cattier Brut Icōn
ブリュット・ロゼ Brut Rosé	キャティア・キュヴェ・エヴァンゲリオン Cattier Cuvée Evangelion

金色や銀色の錫メッキを施し、スペードの紋章を掲げた瓶で評判のブランド。老舗のキャティア社が2006年から手掛けており、ハリウッド・スターたちが愛飲しはじめたことで話題になる。元は1763年に遡る栽培農家で、1918年からシャンパーニュを製造。現当主ジャック・キャティアの母が愛読した小説の主人公から命名。

エグリ・ウーリエ
Egly-Ouriet — アンボネイ

モンターニュ・ド・ランス

主要な商品	シャンパーニュ・グラン・クリュ・エクストラ・ブリュット Champagne Grand Cru Extra Brut
シャンパーニュ・グラン・クリュ・ブリュット Champagne Grand Cru Brut	シャンパーニュ・プルミエ・クリュ・レ・ヴィーニュ・ド・ヴリニィ・ブリュット Champagne PC Les Vignes de Vrigny Brut
シャンパーニュ・グラン・クリュ・ブラン・ド・ノワール・ヴィエイユ・ヴィーニュ Champagne Grand Cru Blanc de Noirs VV	シャンパーニュ・グラン・クリュ・トラディシオン・ブリュット Champagne GC Tradition Brut

レコルタン・マニピュランのなかでも花形的存在で、一部商品は愛好家垂涎の的として地方屈指の高値で取り引きされる。ピノ・ノワールを主体とするシャンパーニュ、あるいはコトー・シャンプノワの赤ワインでは傑出した評価を受ける。収量抑制に加えて、ピノ・ノワールの高比率ブレンドや新樽発酵の導入により、ずしりとくる重厚なスタイル。

アンリ・ジロー
Henri Giaud — アイ

ヴァレ・ド・ラ・マルヌ

主要な商品	コード・ノワール Code Noir
アルゴンヌ Argonne	オマージュ・ア・フランソワ・エマール Hommage à François Hémart
フュ・ド・シェーヌ Fût de Chêne	エスプリ Esprit

小規模の製造会社ながらも、その品質から「セレブの御用達」と呼ばれる。1625年にフランソワ・エマールにより設立され、婚姻によりジロー家が継承。フィロキセラ対策で接木法を用いたのは地方初。現当主クロード・ジローはピノ・ノワールに強い情熱を注ぎ、みずから森まで樽材の伐採に出向く。旗艦銘柄フュ・ド・シェーヌは渾身の傑作と評価。

ゴッセ
Gosset — アイ

ヴァレ・ド・ラ・マルヌ

主要な商品	
セレブリス Celebris	グランド・レゼルヴ・ブリュット Grande Réserve Brut
ブリュット・エクセレンス Brut Excellence	グラン・ロゼ Grand Rosé

中堅規模の製造会社で、樽発酵を経て長期熟成された原酒を用いた、肉厚で飲みごたえのあるスタイルを持つ。豪華な雰囲気に反して手頃な価格が人気。1584年にピエール・ゴッセによりワイナリーが設立され、18世紀にシャンパーニュの製造をはじめる。4世紀に渡って家族経営を維持してきたものの、1994年にコニャックのレミー社に経営譲渡。

シャンパーニュ
Champagne

ヴァレ・ド・ラ・マルヌ

Deutz　　　　　　　　　　　　　　　　　　　　　　　　　アイ

ドゥーツ

主な商品	ドゥーツ・ブラン・ド・ブラン Deutz Blanc de Blancs
アムール・ド・ドゥーツ Amour de Deutz	ドゥーツ・ブリュット・クラシック Deutz Brut Classic
キュヴェ・ウイリアム・ドゥーツ Cuvée William Deutz	ドゥーツ・ブリュット・ロゼ Deutz Brut Rosé

中堅規模の製造会社で、ピノ・ノワール比率が高いにも関わらず、優美で繊細なスタイルで定評がある。1838年にウィリアム・ドゥーツとピエール=ユベール・ゲルテルマンにより設立。長く家族経営を続けていたものの、1993年にルイ・ロデレールの傘下となる。格付け比率97％と地方屈指のこだわりで、自社畑42haから生産量の35％を賄う。

ヴァレ・ド・ラ・マルヌ

Bollinger　　　　　　　　　　　　　　　　　　　　　　　　アイ

ボランジェ

主な商品	スペシアル・キュヴェ Spécial Cuvée
アール・ディー R.D.	ラ・グラン・ダネ・ロゼ La Grande Année Rosé
ラ・グラン・ダネ La Grande Année	コート・オー・ザンファン Côte aux Enfants

地方屈指の評価を得る中堅規模の製造会社。1829年にジョゼフ・ボランジェが設立。現在もその縁戚にあたるモンゴルフィエ家により家族経営。広大な自社畑163haを抱え、生産量の7割を賄う。ピノ・ノワールを高比率に用い、樽発酵を経て長期熟成させた原酒に仕上げることで、重厚で豊潤なスタイルを誇る。映画『007』に登場することでも有名。

ヴァレ・ド・ラ・マルヌ

Billecart-Salmon　　　　　　　　　　　　　　　　　マレイユ・シュル・アイ

ビルカール=サルモン

主な商品	ブリュット・レゼルヴ Brut Réserve
キュヴェ・ニコラ・フランソワ・ビルカール Cuvée Nicolas François Billcart	キュヴェ・エリザベス・サルモン・ロゼ Cuvée Elisabeth Salmon Rosé
ブリュット・ブラン・ド・ブラン Brut Blanc de Blancs	クロ・サン・ティエール Clos Saint Hilaire

妥協なき品質追求を掲げる中小規模の製造会社で、ピノ・ノワールを高比率で用いることで、気品にあふれながらも力強いスタイルを持つ。1818年にニコラ=フランソワ・ビルカールと妻エリザベス・サルモンが設立。7世代を重ねて家族経営を守る稀有な存在。エリザベス・ロゼは逸品として名高く、単一区画クロ・サン・ティエールなど新作にも意欲的。

ヴァレ・ド・ラ・マルヌ

Philipponnat　　　　　　　　　　　　　　　　　　マレイユ・シュル・アイ

フィリポナ

主な商品	
クロ・デ・ゴワセ Clos des Goisses	レゼルヴ・ロゼ・ブリュット Réserve Rosé Brut
レゼルヴ・ミレジメ・ブリュット Réserve Millésimé Brut	ロワイヤル・レゼルヴ・ブリュット Royale Réserve Brut

中堅規模の製造会社で、地方初となった単一畑商品クロ・デ・ゴワセを単独所有（1935年）することで有名。1522年にスイスから移住してきたフィリポナ家によりワイナリーが設立。1910年に現在地に移転し、シャンパーニュの製造をはじめる。1997年にBCCグループの傘下となるものの、現在も創業家が運営。やわらかでやさしいスタイルで定評。

42

Champagne

ヴァレ・ド・ラ・マルヌ　　　　　　　　　　　　　　　　　　　　　　　　　　　　　　　　トゥール・シュル・マルヌ

Laurent-Perrier

ローラン=ペリエ

主要な商品	ブリュットL・P Brut L-P
グラン・シエクル Grand Siécle	ロゼ Rosé
ウルトラ・ブリュット Ultra Brut	アレクサンドラ・ロゼ Alexandra Rosé

業界4位の巨大製造会社で、家族経営としては最大規模を誇る。1812年設立の老舗ながらも、第二次世界大戦後に経営難に陥る。1948年に前当主ベルナール・ド・ノナンクールが継承し、あらゆる改革により大発展。めずらしいマルチ・ヴィンテージによる最上級品グラン・シエクルやセニエによるロゼ、ウルトラ・ブリュットなどを世に出す。

ヴァレ・ド・ラ・マルヌ　　　　　　　　　　　　　　　　　　　　　　　　　　　　　　　　エペルネ

Dom Pérignon

ドン・ペリニヨン

主要な商品	
レゼルヴ・ド・ラベイ Réserve de l'Abbaye	ヴィンテージ Vintage
エノテーク Œnotheaue	ロゼ Rosé

業界最大手モエ・エ・シャンドンが掲げる旗艦銘柄で、高級酒の代名詞とされるほどに有名。1930年メルシエ社が所有していた商標を買い取り、1935年に商品化（1921年産）。良作年のみ造るヴィンテージ・シャンパーニュで、瓶内熟成7年以上で出荷。さらに瓶内熟成を伸ばしたエノテークやレゼルヴ・ド・ラベイというサブ・ブランド商品を展開する。

ヴァレ・ド・ラ・マルヌ　　　　　　　　　　　　　　　　　　　　　　　　　　　　　　　　エペルネ

Perrier-Jouët

ペリエ=ジュエ

主要な商品	キュヴェ・ベル・エポック・ブラン・ド・ブラン Cuvée Belle Epoque Blanc de Blancs
キュヴェ・ベル・エポック Cuvée Belle Epoque	グラン・ブリュット Grand Brut
ベル・エポック・ロゼ Belle Epoque Rosé	ブラソン・ロゼ Blason Rosé

中堅規模の製造会社で、工芸作家エミール・ガレが描いた花模様をあしらった瓶のベル・エポック（1969年発売）はあまりにも有名。1811年にコルク製造業ピエール=ニコラ・ペリエがローズ=アデル・ジュエとの結婚に際して設立。1959年にマム社が買収し、現在はペルノ・リカール社の傘下にある。シャルドネを高比率で用いた優美なスタイルが好評。

ヴァレ・ド・ラ・マルヌ　　　　　　　　　　　　　　　　　　　　　　　　　　　　　　　　エペルネ

Pol Roger

ポル・ロジェ

主要な商品	ブリュット・ヴィンテージ Brut Vintage
キュヴェ・サー・ウィンストン・チャーチル Cuvée Sir Winston Churchill	ブリュット・レゼルヴ Brut Réserve
ブリュット・ブラン・ド・ブラン・ヴィンテージ Brut Blanc de Blancs Vintage	ブリュット・ロゼ・ヴィンテージ Brut Rosé Vintage

「気品と優美」を掲げる中堅規模の製造会社で、英国首相ウィンストン・チャーチルが愛飲したとの逸話から名付けられた旗艦銘柄が有名。1849年ポル・ロジェにより設立され、現在まで5世代を重ねて家族経営を続ける。発酵にはステンレス・タンクを用い、ブドウ本来の風味を大切にする。動瓶は職人が手作業で1カ月を費やすなど、丁寧な造り。

The Guide to 400 Wine Producers with Profiles & Cuvées

シャンパーニュ
Champagne

ヴァレ・ド・ラ・マルヌ

Moët et Chandon　　　　　　　　　　　　　　　　　　　　　　　　　　　エペルネ

モエ・エ・シャンドン

主要な商品	グラン・ヴィンテージ Grand Vintage
アンペリアル Impérial	グラン・ヴィンテージ・ロゼ Grand Vintage Rosé
ロゼ・アンペリアル Rosé Impérial	ネクター・アンペリアル Nectar Impérial

年間生産量3000万本と言われる業界最大手で、主力銘柄アンペリアルを掲げる。1743年酒商クロード・モエが設立し、孫ジャン・レミが皇帝ナポレオンと親交を結んで発展。その後、娘婿ピエール＝ガブリエル・シャンドンが継承して改名。1962年パリ株式市場上場、1987年ルイ・ヴィトン社と合併し、高級ブランドのLVMHグループを形成する。

コート・デ・ブラン

Alain Robert　　　　　　　　　　　　　　　　　　　　　　　　　ル・メニル・シュル・オジェ

アラン・ロベール

主要な商品	
ル・メニル・トラディシオン Le Mesnil Tradition	
ル・メニル・レゼルヴ Le Mesnil Réserve	

レコルタン・マニピュランに限らず、ブラン・ド・ブランでは最高評価を受け、希少性から投機的高値。17世紀に遡る栽培農家で、1970年代から製造をはじめた。収穫は完熟を待つことで補糖をせず、長期熟成を経た原酒を混ぜ、瓶熟成7年以上で出荷。熟成感の際立った濃密な独特のスタイル。後継者がおらず、悔やまれつつ廃業。

コート・デ・ブラン

Salon　　　　　　　　　　　　　　　　　　　　　　　　　　　　　ル・メニル・シュル・オジェ

サロン

主要な商品	ドゥラモット・ブラン・ド・ブラン Delamotte Blanc de Blancs
サロン Salon	ドゥラモット・ブリュット Delamotte Brut
ドゥラモット・ブラン・ド・ブラン・ミレジメ Delamotte Blanc de Blancs Millésimé	ドゥラモット・ロゼ・ブリュット Delamotte Rosé Brut

ブラン・ド・ブランでは最高峰と讃えられる小規模な製造会社で、単一年・単一品種・単一村の稀有な哲学を掲げる。1911年に毛皮商ウジェーヌ・エメ・サロンが仲間と愉しむために造ったのがはじまり。約100年間で33回の良作年のみの生産。約10年の瓶熟成を経て出荷される。1988年にドゥラモット社とともにローラン・ペリエ社の傘下となる。

コート・デ・ブラン

Dom. Jacques Selosse　　　　　　　　　　　　　　　　　　　　　　　　　　アヴィズ

ジャック・セロス

主要な商品	ヴェルシオン・オリジナル ノン・ドゼ Version Orginale None-Dosé
シュプスタンス・エクストラ・ブリュット Substance Extra Brut	ブリュット・イニシャル（ブラン・ド・ブラン） Brut Initial (Blanc de Blancs)
コントラスト・ブリュット Contraste Brut	ロゼ・ブリュット Rosé Brut

こだわりの強い傾向にあるレコルタン・マニピュランのなかでも、とくに哲学的志向を打ち出し、熱狂的な愛好家を抱える。1949年にジャック・セロスが設立した栽培農家で、1989年に息子アンセルムが元詰めをはじめ、躍進。地方における有機減農薬栽培の先駆者であり、2003年から村名商品群を展開。2011年に開業したホテル・レストランも人気。

44

The Guide to
400 Wine Producers
with Profiles & Cuvées

フランス　　　　その他

Other Area in France

ローヌ川流域やロワール川流域、アルザスでは20世紀なかばを過ぎて、その他の地方では21世紀を迎える頃に産地興隆が起きた。かつては協同組合やネゴシアンが製造を担っていたものの、産地興隆に従って栽培農家による元詰めが普及してきたことによる現象だ。三大産地にくらべれば、それほど多くはないとはいえ、国際的に高い評価を得るものも登場している。また、ビオディナミによる栽培などを実践して、個性化を図るものも現われている。

アルザス Alsace

Dom. Weinbach
ヴァインバック

主要な商品

リースリング・グラン・クリュ・シュロスベルクⅡ
Riesling GC Schlossberg II

リースリング・シュロスベルク・グラン・クリュ・キュヴェ・サント・カトリーヌ・リネディ
Riesling Schlossberg GC Cuvée Sainte Catherine "L'INEDIT !"

リースリング・キュヴェ・テオ
Riesling Cuvée Théo

シルヴァネール・レゼルヴ
Sylvaner Réserve

ゲヴュルツトラミネール・グラン・クリュ・フルステンタム・ヴァンダンジュ・タルディヴ
Gewürztraminer GC Furstentum Vendanges Tardives

地方屈指の品質を誇る栽培農家で、2代目故テオ・ファレールはA.O.C.アルザス制定の立役者のひとり。特級初認定シュロスベルクの最大所有者であり、そのリースリングは濃密で優雅。特級ではないものの、単独所有クロ・デ・キャプサンも高評。1612年にカプチン派修道僧により設立。革命期に接収された後、1898年にファレール家が所有する。

F.E. Trimbach
F.E.トリンバック

主要な商品

リースリング・クロ・サン・チューン
Riesling Clos Ste. Hune

リースリング・キュヴェ・フレデリック・エミール
Riesling Cuvée Frédéric Emile

リースリング・レゼルヴ
Riesling Réserve

リースリング
Riesling

ゲヴュルツトラミネール
Gewürztraminer

1626年から12世代を重ねる名門で、地方屈指の大手製造会社ながら品質面でも定評がある。1898年の国際コンクールで最高位を獲得して躍進。当時の当主フレデリック・エミールは、優良年だけ造られるプレミアム商品に名前を残す。「地方最高の畑」と讃えられるクロ・サン・チューンを単独所有するが、現行制度に反対して特級を表記しない。

Gerard Schueller et Fils
ジェラール・シュレール・エ・フィス

主要な商品

リースリング・グラン・クリュ・エイシュベルク
Riesling GC Eichberg

グラン・クリュ・ファルシベルク・リースリング
GC Pfersigberg Riesling

ゲヴュルツトラミネール・キュヴェ・パルティキュリエール
Gewürztraminer Cuvée Particulière

ピノ・ノワール
Pinot Noir

リースリング・セレクション・ド・グラン・ノーブル
Riesling Selection de Grains Nobles

アルザスにおける自然派の象徴的存在の栽培農家。数十年に渡り除草剤や化学肥料を使用していない畑できびしい収量制限を行う。酸化防止剤の使用を極力抑え、黄褐色をした密風味の、いわゆるヴァン・ナチュールに仕上げる。有機栽培を実践しているものの、認証を受けていない。さまざまな品種、タイプのワインを幅広く手掛けている。

Josmeyer
ジョスメイヤー

主要な商品

リースリング・グラン・クリュ・ヘングスト
Riesling GC Hengst

ピノ・グリ 1854 フォンダシオン
Pinot Gris 1854 Fondation

ピノ・ノワール
Pinot Noir

ピノ・ブラン
Pinot Blanc

アルザスを代表するビオディナミ栽培の実践者で、秀逸なワインを手掛けることでも有名。1854年にオイルズ・メイヤーが設立した栽培農家で、4代目となる現当主ジャンはアルザス生産者協会長を務めたこともある。栽培だけでなく、醸造も自然であることを大切にしており、温度管理は行わずに厚みと骨組みのあるワインに仕上げる。

46

Alsace

ツィント・ウンブレヒト
Zind Humbrecht

オー・ラン

主要な商品

アルザス・リースリング・グラン・クリュ・ランゲン・ド・タン・クロ・サン・チュルバン
Alsace Riesling GC Rangen de Than Clos Saint Urbain

アルザス・リースリング・クロ・ヴィンズビュール
Alsace Riesling Clos Windsbuhl

アルザス・ゲヴュルツトラミネール・ハインブルク
Alsace Gewurztraminer Heinbourg

アルザス・トカイ・ピノ・グリ
Alsace Tokay Pinot Gris

ツィント
Zint

地方最強といわれる濃密さを誇る生産者。いずれも老舗のツィント家とウンブレヒト家により1959年設立。収量制限による完熟原料は、高糖度のあまり発酵期間が1年以上に及ぶこともある。地方最南の特級畑タン（ランゲン村）のなかに、旗艦銘柄クロ・サン・チュルバンの区画がある。遅摘みや貴腐は高評で、地方屈指の高値で取り引きされる。

ヒューゲル・エ・フィス
Hugel et Fils

オー・ラン

主要な商品

リースリング・ジュビリー
Riesling Jubilee

ジョンティ
Gentil

ピノ・ブラン
Pinot Blanc

ピノ・ノワール
Pinot Noir

ゲヴュルツトラミネール・ヴァンダンジュ・タルディヴ
Gewurztraminer Vendange Tardive

1639年から13世代を重ねる名門であり、品質面でも地方を代表する製造会社。歴代当主は品種名のほか、遅摘みや貴腐の記載をする地方独自のラベル表記を実現した立役者たち。現行特級制度に関して異議を唱え、旗艦銘柄ジュビリーは特級シェネンブール内の区画ながらも特級を掲げない。フルート瓶に貼られた黄色のラベルで親しまれている。

マルセル・ダイス
Dom. Marcel Deiss

オー・ラン

主要な商品

アルテンベルグ・ド・ベルグハイム・グラン・クリュ
Altenberg de Bergheim GC

シェネンブール・グラン・クリュ
Schoenenbourg GC

1744年まで遡る栽培農家で、現当主マルセルがビオディナミ栽培を実践。テロワールを重視する立場から、特級における品種名記載に異議を唱え、いちはやく産地名のみを記載。大胆な行動は熱烈な信奉者を生む一方、同業者や市場には反論も多かった。2004年から特級制度が改革され、一部で産地名のみの記載や品種のブレンドが認められた。

マルク・クライデンヴァイス
Marc Kreydenweiss

バ・ラン

主要な商品

アルザス・グラン・クリュ・カステルベルク
Alsace GC Kastelberg

アルザス・グラン・クリュ・ヴィーベルスベルク
Alsace GC Wiebelsberg

アルザス・ピノ・グリ・メンシュベルク
Alsace Pinot Gris Moenchberg

自然派の象徴的存在の栽培農家で、秀逸なワインでも有名。3世紀の歴史を誇る老舗で、1971年に現当主マルク・クライデンヴァイスが継承。1989年にいちはやくビオディナミ栽培を実践し、ビオディナミ協会長を務めたこともある。ワインはやわらかで透明感に富むスタイル。1999年から南仏ローヌにも地所を構えるほか、同地でネゴシアンも展開。

ヴァル・ド・ロワール
Val de Loire

中央フランス

ディディエ・ダグノー
Didier Dagueneau

ブイィ・フュメ

主要な商品

ブイィ・フュメ・シレックス
Pouilly Fumé Silex

ブイィ・フュメ・ピュール・サン
Pouilly Fumé Pur Sang

ブラン・フュメ・ド・ブイィ
Blanc Fumé de Pouilly

ブイィ・フュメ・ビュイソン・ルナール
Pouilly Fumé Buisson Renard

「ブイィ村のやんちゃ坊主」と呼ばれたディディエ・ダグノーが1982年に設立。栽培農家に生まれたものの、伝統的なワイン造りに反発。ドゥニ・ドゥブルデュー教授の指導を仰ぎ、新樽発酵などの最新技術を導入。従来とは一線を画す肉厚なワインは地方最高評価を受ける。2008年に当主が飛行機事故で急逝したため、現在は息子バンジャマンが継承。

中央フランス

ド・ラドゥーセット
De Ladoucette

ブイィ・フュメ

主要な商品

ブイィ・フュメ・バロン・ド・エル
Pouilly-Fumé Baron de L

ブイィ・フュメ・ド・ラドゥーセット・グラン・ミレジメ
Pouilly-Fumé de Ladoucette Grand Millesimé

サンセール・コント・ラフォン
Sancerre Comte Lafond

シノン・マルク・ブレディフ
Chinon Marc Bredif

シャブリ・サン・ピエール・レニャール
Chablis Saint Pierre Regnard

ド・ラドゥーセット男爵家はフランスを代表する名家で、壮麗な城館として有名なシャトー・ド・ノゼに本拠を置く。城館は1787年にルイ15世の婚外娘からラフォン伯爵家に譲られ、1805年に持参財として男爵家に贈られた。最上級品バロン・ド・エルは地方屈指の評価。サンセールのコント・ラフォンやブルゴーニュのレニャールなどを傘下に置く。

中央フランス

アルフォンス・メロ
Alphonse Mellot

サンセール

主要な商品

サンセール・キュヴェ・エドモン
Sancerre Cuvée Edmond

サンセール・ジェネラシオン・ディズヌフ
Sancerre Génération XIX

サンセール・ラ・ムージエール・ブラン
Sancerre la Moussière Blanc

ブイィ・フュメ
Pouilly Fumé

サンセール・ルージュ・ラ・ドゥモワゼル
Sancerre Rouge la Demoiselle

サンセールでは最大規模を誇る元詰め栽培農家（地所50ha）で、1513年の古文書にも記載を残す名門。現当主アルフォンスは18代目で、次期当主はアルフォンス＝エドムントというように、歴代長男がアルフォンスを名乗る。樽発酵（一部は新樽）とシュール・リーを行い、なめらかで厚みがあり、気品にあふれた仕上がり。地方屈指の評価を得ている。

トゥール

ユエ・レシャンソン
Dom. Huet l'Echansonne

ヴーヴレ

主要な商品

ヴーヴレ・ル・クロ・デュ・ブール・モワルー
Vouvray le Clos du Bourg Moelleux

ヴーヴレ・ル・モン・セック
Vouvray le Mont Sec

ヴーヴレ・ル・モン・ドゥミ・セック
Vouvray le Mont Demi-Sec

歴史的にも品質的にも地方を代表する生産者。1928年にガストン・ユエが銘醸畑ル・オー・リューを購入したのがはじまり。地区生産者組合長などの要職を歴任し、ヴーヴレの発展に大きな功績。1991年から娘婿ノエル・パンゲが継承。例年、辛口や中辛口は手掛けるものの、良作年だけのモワルー（中甘口）は地方屈指の評価を得る。

Val de Loire

アンジュ・ソーミュール

Clos de la Coulée de Serrant　　　　　　　　　　　　　　　　　　　　サヴニエール
クロ・ド・ラ・クーレ・ド・セラン

主要な商品

クロ・ド・ラ・クーレ・ド・セラン
Clos de la Coulée de Serrant

サヴニエール・レ・ヴュー・クロ
Savennières les Vieux Clos

ロッシュ・オー・モワンヌ
Roche Aux Moines

「フランスの五大白ワイン」の1つと讃えられ、ニコラ・ジョリーが単独所有する区画。ロワール川を南に臨むドーム状の丘にあり、その急斜面を馬で耕すなど、昔ながらの農作業を行う。当主はビオディナミ栽培の「伝道師」とも呼ばれ、内外の栽培家に指導にあたるほか、認証制度の構築など積極的な活動でも有名。

アンジュ・ソーミュール

Clos Rougeard　　　　　　　　　　　　　　　　　　　　ソーミュール・シャンピニィ
クロ・ルジャール

主要な商品

ソーミュール・シャンピニィ・ル・ブール
Saumur-Champigny le Bourg

ソーミュール・シャンピニィ・レ・ポワイユ
Saumur-Champigny les Poyeux

ソーミュール・シャンピニィ・ル・クロ
Saumur-Champigny le Clos

地方随一と讃えられる赤ワインを手掛ける元詰め栽培家。1664年にフコー家により設立され、現在が8世代目となるシャルリーとナディの兄弟が運営。ビオディナミ栽培による高樹齢の畑で収量制限を行い、30日を超える長期浸漬やフリーランのみの使用で、厚みと深みのあるワインに仕上げる。最上級品ブールは良作年のみに手掛ける逸品。

アンジュ・ソーミュール

Dom. des Roches Neuves　　　　　　　　　　　　　　　　　　　　ソーミュール・シャンピニィ
デ・ロッシュ・ヌーヴ

主要な商品

ソーミュール・シャンピニィ・マージナル
Saumur-Champigny Marginale

ソーミュール・シャンピニィ
Saumur-Champigny

ソーミュール・シャンピニィ・テール・ショード
Saumur-Champigny Terres Chaudes

ソーミュール・ランソリト
Saumur l'Insolite

ボルドーでいくつかのシャトーを抱える素封家に生まれながら、当主テュエリー・ジェルマンは自分自身とロワールの可能性を信じて1991年に設立。ビオディナミ栽培を理知的に捉えなおして実践。収量制限と現代的な醸造により、実力派ボルドーを思わせるほどの深みと調和を持ち、地方を超えて国内屈指のワインと評価されている。

ナント

Donatien Bahuaud　　　　　　　　　　　　　　　　　　　　ミュスカデ
ドナシャン・バユオー

主要な商品

ミュスカデ・セーヴル・エ・メーヌ
Muscadet Sèvre et Maine

ロゼ・ダンジュ
Rosé d'Anjou

ミュスカデでは最大規模を誇る巨大製造会社で1929年設立。1740年に地区で初めてムロン・ド・ブルゴーニュを植樹した畑シャトー・ド・ラ・カスミシェールを所有することで有名。ロゼ・ダンジュなど幅広くロワールのワインを手掛ける。多国籍にワイン・ビジネスを展開するレミー・パニエ・グループのアッケルマン社の傘下にある。

The Guide to 400 Wine Producers with Profiles & Cuvées　**49**

Vallé du Rhône & France

ヴァレ・デュ・ローヌほか

代表的生産者

ローヌ

Guigal
ギガル
コート・ロティ

主要な商品

コート・ロティ・シャトー・ダンピュイ
Côte Rôtie Ch.d'Ampuis

コート・ロティ・ラ・トゥルク
Côte Rôtie la Turque

クローズ・エルミタージュ・ルージュ
Crozes-Hermitage Rouge

コート・デュ・ローヌ・ルージュ
Côtes du Rhône Rouge

コンドリュー・ラ・ドリアーヌ
Condrieu la Doriane

1946年にエティエンヌ・ギガルにより設立された製造会社で、歴史は浅いものの地方随一と讃えられる。急躍進を経て、名門ヴィダル・フルーリー社などを傘下に置く。コート・ロティを中心に自社畑を所有するほか、契約農家から求めた原料で幅広い銘柄を手掛ける。旗艦銘柄となるラ・トゥルクなどの単一畑の3銘柄は驚くほどの高値で取り引きされる。

ローヌ

Ch. Grillet
グリエ
シャトー・グリエ

主要な商品

シャトー・グリエ
Ch. Grillet

グリエはコンドリュー内にある3.5haの区画で、アペラシオンとしては4番目に小さい。「フランスの5大白ワイン」と讃えられてきたものの、近年、評価を落としていた。1840年からネイレ・ガシェ家が単独所有。2011年にシャトー・ラトゥールを所有する富豪フランソワ・ピノーが買収し、復活に期待が寄せられている。

ローヌ

M. Chapoutier
M.シャプティエ
エルミタージュ

主要な商品

エルミタージュ・ル・パヴィヨン
Hermitage le Pavillon

エルミタージュ・シャンタルエット・ブラン
Hermitage Chante-Alouette Blanc

シャトーヌフ・デュ・パプ・バルブ・ラック
Châteauneuf-du-Pape Barbe Rac

クローズ・エルミタージュ・レ・メゾニエ・ブラン
Crozes-Hermitage les Meysonniers Blanc

コート・ロティ・ラ・モルドレ
Côte Rôtie la Mordorée

1808年から7世代を重ねる家族経営の製造会社で、地方屈指の評価を得ている。エルミタージュなどに自社畑350haを抱え、大手ではめずらしく有機栽培を実践。また、契約農家からの調達を含め、幅広い銘柄を手掛ける。世界初の点字ラベルでも有名。近年はルーション地方にも進出するほか、オーストラリアやポルトガルで合弁事業も行う。

ローヌ

Jean-Louis Chave
ジャン=ルイ・シャーヴ
エルミタージュ

主要な商品

エルミタージュ・キュヴェ・カトラン
Hermitage Cuvée Cathelin

エルミタージュ
Hermitage

モン・クール・コート・デュ・ローヌ
Mon-Coeur Côtes-du-Rhône

設立1481年からシャーヴ家が守り続けてきた栽培農家で、地方最高峰と讃えられている。現在はジャン=ルイ・シャーヴと父ジェラールの父子が運営。有機栽培と収量制限による完熟した原料から、昔ながらの醸造を用いて、優美な古典的スタイルに仕上げる。1995年にジャン=ルイ・シャーヴ・セレクションという商標でネゴシアンを展開。

Vallé du Rhône & France

ローヌ

Paul Jaboulet Aîné
ポール・ジャブレ・エネ

エルミタージュ

主要な商品

エルミタージュ・ラ・シャペル
Hermitage la Chapelle

クローズ・エルミタージュ・レ・ジャレ
Crozes-Hermitage les Jalets

シャトーヌフ・デュ・パプ・レ・セードル・ブラン
Châteauneuf-du-Pape les Cèdres Blanc

ジゴンダス・ピエール・エギュイユ
Gigondas Pierre Aiguille

ミュスカ・ド・ボーム・ド・ヴニーズ・ル・シャン・デ・グリオール
Muscat de Beaumes-de-Venise le Chant des Griolles

地方屈指の名声を得てきた製造会社で、広大な自社畑100haに加えて、契約農家からの原料で幅広い銘柄を手掛ける。1834年からジャブレ家が継承してきたものの、2005年にフィナンシエール・フレイ社が買収。多大な投資により設備刷新を行うとともに、2012年に石切り場を改装し、樽貯蔵庫とレストランなどを備えた観光施設ヴィネウムをオープン。

ローヌ

Henri Bonneau
アンリ・ボノー

シャトーヌフ・デュ・パプ

主要な商品

シャトーヌフ・デュ・パプ・キュヴェ・レゼルヴ・デ・セレスタン
Chateauneuf-du-Pape Cuvée Réserve des Célestins

シャトーヌフ・デュ・パプ・キュヴェ・マリー・ブーリエ
Chateauneuf-du-Pape Cuvée Marie Beurrier

シャトーヌフ・デュ・パプ
Chateauneuf-du-Pape

シャトーヌフ・デュ・パプ・キュヴェ・スペシャル
Chateauneuf-du-Pape Cuvée Spécial

12世代を重ねる栽培農家で、1957年からアンリ・ボノーが元詰めをはじめた。最高の銘醸畑といわれるラ・クロウを中心に6haを所有。ほぼグルナッシュのみを栽培しており、約10hl/haという驚くべき収量制限を行う。その稀少性から高値で取り引きされており、旗艦銘柄セレスタンはシャトーヌフ・デュ・パプでは最高峰と讃えられる。

ローヌ

Dom. du Pegau
デュ・ペゴー

シャトーヌフ・デュ・パプ

主要な商品

シャトーヌフ・デュ・パプ・キュヴェ・ダ・カポ
Chateauneuf-du-Pape Cuvée da Capo

シャトーヌフ・デュ・パプ・キュヴェ・レゼルヴ
Chateauneuf-du-Pape Cuvée Réserve

シャトーヌフ・デュ・パプ・キュヴェ・レゼルヴ・ブラン
Chateauneuf-du-Pape Cuvée Réserve Blanc

プラン・ペゴー
Plan Pégau

ペゴヴィーノ
Pegovino

1987年にポール・フェローと娘ローレンスにより設立された元詰め栽培家で、歴史は浅いものの地方屈指の評価を得ている。大樽での熟成や無清澄・無濾過など、昔ながらのワイン造りを行う。2012年にアヴィニヨンの近隣に城館と畑41haを購入してシャトー・ド・ペゴーを設立し、低価格帯のワインを手掛けるようになった。

ローヌ

Ch. de Beaucastel
ド・ボーカステル

シャトーヌフ・デュ・パプ

主要な商品

シャトー・ド・ボーカステル・ルージュ
Ch. de Beaucastel Rouge

シャトー・ド・ボーカステル・オマージュ・ア・ジャック・ペラン
Ch. de Beaucastel Hommage à Jacques Perrin

シャトー・ド・ボーカステル・ブラン
Ch. de Beaucastel Blanc

ペラン・ヴァンソーブル
Perrin Vinsobres

ラ・ヴィエイユ・フェルム・ルージュ
La Vielle Ferme Rouge

南部地区では最高評価を受ける生産者で、シャトーヌフ・デュ・パプの許可品種13種をすべて使う個性派。16世紀にボーカステル家が建てた城館を1909年にペラン家の縁戚が購入。3代目当主ジャック・ペラン（1978年逝去）は有機栽培の先駆者で、もろみの瞬間加熱による無添加醸造などの革新性で知られた。力強く濃密なスタイルが人気。

The Guide to 400 Wine Producers with Profiles & Cuvées

ヴァレ・デュ・ローヌほか
Vallé du Rhône & France

ローヌ

Ch. Rayas
ラヤス
シャトーヌフ・デュ・パプ

主要な商品

シャトーヌフ・デュ・パプ
Châteauneuf-du-Pape

シャトー・ド・フォンサレット・キュヴェ・シラー
Ch.de Fonsalette Cuvée Syrah

シャトーヌフ・デュ・パプ・ピニャン
Châteauneuf-du-Pape Pignan

シャトー・デ・トゥール・コート・デュ・ローヌ
Ch.des Tours Côtes du Rhône

南部地区では最高峰と讃えられる元詰め栽培家で、13品種が認められるシャトーヌフ・デュ・パプでグルナッシュのみを用いる個性派。1880年にエマニュエル・レイノーが設立し、「鬼才」と呼ばれた4代目ジャック（1997年逝去）が評価を高めた。畑を覆う石を除去し、古樹を収量制限することで、濃密でありながら、エレガントなスタイル。

ローヌ

Dom. Gramenon
グラムノン
コート・デュ・ローヌ

主要な商品

コート・デュ・ローヌ・セプ・サントネール・ラ・メメ
Côtes-du-Rhône Ceps Centenaires la Mémé

ヴァンソーブル・ラ・パペス
Vinsobres la Papesse

コート・デュ・ローヌ・シエラ・デュ・シュド
Côtes-du-Rhône Sierra du Sud

コート・デュ・ローヌ・ア・パスカル・エス
Côtes-du-Rhône A Pascal S.

コート・デュ・ローヌ・ヴィ・オン・ニ・エ
Côtes-du-Rhône Vie on y est...

村名アペラシオンではなく、コート・デュ・ローヌながらも、地方屈指の人気と評価を得る元詰め栽培家。1978年にフィリップ・ローラン（1999年逝去）が畑12haを購入したのがはじまり。1990年に元詰めをはじめ、躍進。樹齢100年といった古樹にこだわり、有機栽培と収量制限を実践し、過熟感のある力強いワインに仕上げる。現在は夫人が運営。

ルーション

Dom. du Clos des Fées
クロ・デ・フェ

主要な商品

コート・デュ・ルーション・ル・クロ・デ・フェ・ブラン
Côtes-du-Roussillon le Clos des Fées Blanc

コート・デュ・ルーション・ラ・プティット・シベリー
Côtes-du-Roussillon la Petite Sibérie

コート・デュ・ルーション・ヴィエイユ・ヴィーニュ
Côtes-du-Roussillon VV

コート・デュ・ルーション・ル・クロ・デ・フェ
Côtes-du-Roussillon le Clos des Fées

コート・デュ・ルーションレ・ソルシエール
Côtes-du-Roussillon les Sorcières

ルーション地方の丘陵で1998年に設立されたエステート・ワイナリーで、南仏で最も注目されているひとつ。設立者エルヴェ・ビズールは若干21歳（1981年当時）でフランス・ソムリエ・チャンピオンとなった経歴の持ち主。ヴァランドローを手掛けるジャン＝リュック・テュヌヴァンの指導のもと、きわめて現代的でエレガントなワインを手掛ける。

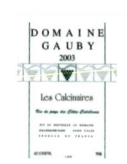

ルーション

Dom. Gauby
ゴビー

主要な商品

ムンタダ
Muntada

レ・カルシネール・ルージュ
Les Calcinaires Rouge

コート・デュ・ルーション・ヴィラージュ・ヴィエイユ・ヴィーニュ
Côtes du Roussillon Villages VV

クーム・ジネステ
Coume Gineste

スペインの国境近いピレネー山麓にあり、ルーションばかりでなく、南仏最高評価を受ける。2001年の国際ワイン博覧会ヴィネクスポのブラインド・コンテストで、最上級品ムンタダがル・パンを押さえて優勝したことで話題に。標高150〜200mに広がる85haの地所のうち、ブドウ畑は45haにとどめ、環境保全型農業を実施。

52

Vallé du Rhône & France

ラングドック

Mas de Daumas Gassac
マス・ド・ドーマス・ガザック

主要な商品

マス・ド・ドーマス・ガザック・ルージュ
Mas de Daumas Gassac Rouge

マス・ド・ドーマス・ガザック・ブラン
Mas de Daumas Gassac Blanc

フィガロ・ルージュ
Figaro Rouge

カベルネ・ソーヴィニヨン
Cabernet Sauvignon

シャルドネ
Chardonnay

1970年に当主エメ・ギベールが設立した製造会社で、1978年が初リリース。「南フランスのラフィット・ロートシルト」と称される。ボルドー大学のアンリ・アンジャルベール教授（地理学）とエミール・ペイノー教授（醸造学）の指導に従った。南仏におけるカベルネ・ソーヴィニヨンと元詰めの先駆。2000年にアメリカ、モンダヴィ社の進出を阻んだ中核。

シュド・ウエスト

Herri Mina
エリ・ミナ

イルレギー

主要な商品

イルレギー・ルージュ
Irouleguy Rouge

イルレギー・ブラン
Irouleguy Blanc

ペトリュスで長年に渡って醸造を担当したジャン＝クロード・ベルエが故郷バスクで1992年が所有する小規模なエステート・ワイナリー。1992年から植樹をはじめ、1998年が初ヴィンテージとなった。イルレギーが発祥地とされるカベルネ・フランを用いた赤ワインは高評価。ラベルには詩人であった父の『秋が来ない夏を夢見る』の詩が書かれている。

シュド・ウエスト

Dom. Alain Brumont
アラン・ブリュモン

主要な商品

シャトー・モンテュス・キュヴェ・プレスティージュ
Ch. Montus Cuvée Prestige

シャトー・モンテュス
Ch. Montus

シャトー・モンテュス・パシュラン・セック・デュ・ヴィック・ビル
Ch. Montus Pacherenc Sec du Vic-Bilh

田舎酒と打ち捨てられていたマディランを一躍有名にしたエステート・ワイナリー。シャトー・ブースカッセを所有するアラン・ブリュモンが1981年に買収、密植や収量制限を実践。渋みが強いタナをミクロ・オキシジェナシオンという新技術により、濃密でやわらかなスタイルに生まれ変わらせた。近年はアラン・ブリュモンの商標で、低価格品も展開。

プロヴァンス

Abbaye de Lérins
アベイ・ド・レランス

主要な商品

アルプ・マリティーム・キュヴェ・サン・ソヴェール・シラー・ヴィエイユ・ヴィーニュ
Alpes Maritimes Cuvée Saint Sauver Syrah VV

アルプ・マリティーム・キュヴェ・サン・オノラ・シラー
Alpes Maritimes Cuvée Saint Honorat Syrah

アルプ・マリティーム・キュヴェ・サン・サロニウス・ピノ・ノワール
Alpes Maritimes Cuvée Saint Salonius Pinot Noir

アルプ・マリティーム・キュヴェ・サン・セザール・シャルドネ
Alpes Maritimes Cuvée Saint Césare Chardonnay

アルプ・マリティーム・キュヴェ・サン・シプリアン・ヴィオニエ
Alpes Maritimes Cuvée Saint Cyprien Viognier

南仏カンヌの沖合いに浮かぶサン・トノラ島にあるレランス修道院で、修道士が栽培から醸造まで行うワイン。修道院の起源は5世紀まで遡ることができ、現在も30名弱の修道士が生活する。ワインを本格的に造りはじめたのは1990年代からで、世界シラー・コンクールで最優秀賞に輝くほどの高い評価を受けている。

The Guide to 400 Wine Producers with Profiles & Cuvées

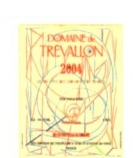

ヴァレ・デュ・ローヌほか
Vallé du Rhône & France

プロヴァンス

Dom. de Trévallon
ド・トレヴァロン

主要な商品

ドメーヌ・ド・トレヴァロン・ルージュ
Domaine de Trévallon Rouge

ドメーヌ・ド・トレヴァロン・ブラン
Domaine de Trévallon Blanc

1973年にエロイ・デュルバックがみずから開墾したエステート・ワイナリー。評論家ロバート・パーカーが「人生最大の発見」と賞賛したことで有名。カベルネ・ソーヴィニヨンとシラーが半分ずつの個性的なブレンド。1993年に新設されたA.C.レ・ボーの規格に抵触するとして、以降はヴァン・ド・ペイ（2012年瓶詰めよりI.G.P.）として販売される。

プロヴァンス

Dom. Tempier
タンピエ
バンドール

主要な商品

バンドール・キュヴェ・ラ・トゥルティーヌ
Bandol Cuvée la Tourtine

バンドール・キュヴェ・ラ・ミグア
Bandol Cuvée la Migoua

バンドール・ロゼ
Bandol Rosé

バンドール・ルージュ
Bandol Rouge

バンドール・キュヴェ・カバッソウ
Bandol Cuvée Cabassaou

地方最高峰として讃えられるエステート・ワイナリーで、ミグアなど3つの単一畑商品は南仏屈指の評価を得ている。1834年にタンピエ家が購入した地所で、1880年に醸造所を建造。1940年に娘婿リュシアン・ペイローが参画して名声を高めた。ムールヴェードルの人気を復活させた人物として有名。長期熟成を経た力強く男性的なスタイルを生む。

プロヴァンス

Ch. de Pibarnon
ド・ピバルノン
バンドール

主要な商品

バンドール・ルージュ
Bandol Rouge

バンドール・レ・レスタンク・ド・ピバルノン
Bandol les Restanques de Pibarnon

バンドール・ブラン
Bandol Blanc

バンドール・ロゼ
Bandol Rosé

南仏の最高峰とされるバンドールにおいて最高評価を獲得しているエステート・ワイナリー。1975年アンリ・ド・サン・ヴィクトール伯爵（2013年逝去）が購入した小区画を徐々に拡張。現在、耕作地は標高240〜350mの高地に50haを所有。大樽による長期熟成を経た古典的スタイルながらも、低収量から充実感があって長期熟成向き。

ジュラ

Henri Maire
アンリ・メール

主要な商品

ヴァン・ジョーヌ・シャトー・シャロン
Vin Jaune Château-Chalon

ヴァン・ジョーヌ・アルボワ
Vin Jaune Arbois

ロワイヤル・ペルレ NV
Royal Perlé NV

ヴァン・フー・ブリュット
Vin Fou Brut

地方生産量の5割を占めるといわれる巨大製造会社。1632年から15世代を重ねる旧家で、1939年にアンリ・メールが継承して急拡大。自社畑300haに加え、契約農家からも原料を調達。2010年にルクセンブルグの投資会社が買収し、資本強化を図る。2013年にラブレ・ロワ社などを傘下に置くコタン・フレール社（ブルゴーニュ）を買収。

The Guide to
400 Wine Producers
with Profiles & Cuvées

イタリア

Italy

イタリアは地産地消の消費傾向が強く、かつては広く知られていない銘酒が多くあるといわれてきた。だが、ピエモンテとトスカーナで1970年代から始まった改革運動は、品質向上に加えて国際的評価を高め、国際市場への輸出を推進することになった。その動きは21世紀を迎える頃には全国的なものとなり、南イタリアや北東部の地場品種への注目などもあって、各地で高品質なワインを手掛ける生産者が登場してきた。

イタリア

ピエモンテ

Elio Altare / エリオ・アルターレ — バローロ

主要な商品	
バローロ・ヴィネート・アルボリーナ Barolo Vigneto Arborina	ランゲ・ロッソ・ラリジ Langhe Rosso Larigi
バローロ・ブルナーテ Barolo Brunate	リンシエーメ L' Insieme
	ドルチェット・ダルバ Dolcetto d'Alba

バローロの元詰め栽培農家で、1948年に祖父が設立。1970年代末から改革運動を牽引。「バローロ・ボーイズ」と呼ばれた現代派のなかでも旗手と目された。収量制限による原料品質の向上をはじめ、短期浸漬や新樽熟成、衛生管理を実践。伝統を重んじる父との対立から相続問題となり、1997年にエリオはようやく姉から施設と畑を買い取った。

Giacomo Conterno / ジャコモ・コンテルノ — バローロ

主要な商品	
	バルベーラ・ダルバ Barbera d'Alba
バローロ・モンフォルティーノ・リゼルヴァ Barolo Monfortino Riserva	ドルチェット・ダルバ Dolcetto d'Alba
バローロ・カッシーナ・フランチャ Barolo Cascina Francia	フレイザ・ランゲ Freisa Langhe

古典派筆頭であり、バローロの最高峰と讃えられる元詰め栽培農家で12haを所有。1900年にジャコモ・コンテルノが設立、現在は曾孫ロベルトが継承。伝統的な長期の大樽熟成を守り、旗艦銘柄モンフォルティーノは7年以上で出荷。愛好家垂涎の的であり、稀少性から天文学的高値で取り引きされる。現当主の叔父はアルド・コンテルノで1969年に独立。

Ceretto / チェレット — バローロ

主要な商品	
	ドルチェット・ダルバ・ロサーナ Dolcetto d'Alba Rossana
バローロ・ブリッコ・ロッケ Barolo Brioco Rocche	モンソルド Monsordo
バローロ・ゾンケッラ Barolo Zonchera	モスカート・ダスティ Moscato d'Asti

バローロの顔とも言うべき大手製造会社で、古典的スタイルの高品質なワインを手掛ける。1939年にリッカルド・チェレットにより設立。60年代以降、継承した息子たちがいちはやく畑の個性という考え方を打ち出し、改革運動の牽引的存在となる。ブルナーテ、プラボー、ブリッコ・ロッケという銘醸畑からなる珠玉のラインナップを誇る。

Bruno Giacosa / ブルーノ・ジャコーザ — バルバレスコ

主要な商品	
アジェンダ・アグリコラ・ファレット・ディ・ブルーノ・ジャコーザ・バローロ Azienda Agricora Falletto di Bruno Giacosa Barolo	カサ・ヴィニコラ・ブルーノ・ジャコーザ・ドルチェット・ダルヴァ（ネゴシアンもの） Casa Vinicola Bruno Giacosa Dolcetto d'Alba
カサ・ヴィニコラ・ブルーノ・ジャコーザ・バローロ（ネゴシアンもの） Casa Vinicola Bruno Giacosa Barolo	カサ・ヴィニコラ・ブルーノ・ジャコーザ・ロエロ・アルネイス（ネゴシアンもの） Casa Vinicola Bruno Giacosa Roero Arneis

古典派に属する大手製造会社で、その品質の高さからバルバレスコの筆頭格の評価。1900年にカルロ・ジャコーザにより設立され、1961年に孫ブルーノが継承。大樽による長期熟成とともに、発酵はステンレス・タンクを導入するなど、最新技術による裏付けにも積極的。契約栽培はブルーノ・ジャコーザ、自社畑はファレットの商標で販売。

Italy

ピエモンテ / Gaja / バルバレスコ

ガヤ

主要な商品	ガヤ&レイ Gaja & Rey
バルバレスコ Barbaresco	ロッシ・バス Rossj-Bass
ダルマジ Darmagi	ランゲ・ソリ・サン・ロレンツォ Langhe Sori San Lorenzo

改革運動を牽引した当主アンジェロ・ガヤはその功績から「帝王」と呼ばれる。1970年代始めから畑の改良や醸造技術の刷新などを行う。アメリカへの販売活動が成功して大躍進。熟成に新樽と大樽を併用するなど、濃密で深みのあるモダン・クラシックなスタイル。1996年に旗艦銘柄の畑名商品をD.O.C.に降格させて話題になる。トスカーナにも進出。

ピエモンテ / Braida / アスティ

ブライダ

主要な商品	ブリッコ・デッラ・ビゴッタ・バルベーラ・ダスティ Bricco della Bigotta Barbera d'Asti
アイ・スーマ・バルベーラ・ダスティ Ai Suma Barbera d'Asti	モンテブルーナ・バルベーラ・ダスティ Montebruna Barbera d'Asti
ブリッコ・デル・ウッチェッローネ・バルベーラ・ダスティ Bricco dell'Uccellone Barbera d'Asti	イル・バチャレ・モンフェッラート Il Baciale Monferrato

1961年に故ジャコモ・ボローニャが設立したエステート・ワイナリーで、バルベーラ種の可能性を世に知らしめた。酸っぱいだけで平凡と思われた地場品種だったが、畑の改良や小樽熟成の採用により、凝縮感に富む現代的スタイルを産み出す。「きわめつけの1本」という意味の旗艦銘柄アイ・スーマをはじめ、いくつかのバルベーラを手掛ける。

ピエモンテ / La Spinetta / アスティ

ラ・スピネッタ

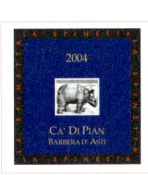

主要な商品	カ・ディ・ピアン・バルベーラ・ダスティ Ca' di Pian Barbera d'Asti
ヴィニェート・ヴァレイラーノ・バルバレスコ Vigneto Valeirano Barbaresco	ピン・モンフェッラート・ロッソ Pin Monferrato Rosso
カンペ・バローロ Campe Barolo	リディア・シャルドネ・デル・ピエモンテ Lidia Chardonnay del Piemonte

現代的なバルバレスコで最高評価を受ける元詰めの製造会社。1977年ジュゼッペ・リヴェッティにより設立。高品質をめざして、名前は「丘の頂上」に因む。当初は華やかな弱発泡酒モスカート・ダスティ、地場品種と国際品種を混ぜたピンで成功を収めた。現在はジョルジオをはじめ、息子たち3兄弟が運営。2008年にトスカーナに地所を取得。

ロンバルディア／フランチャコルタ / Ca'del Bosco / フランチャコルタ

カ・デル・ボスコ

主要な商品	フランチャコルタ・ブリュット・キュヴェ・プレステージ Franciacorta Brut Cuvée Prestige
フランチャコルタ・キュヴェ・アンナマリア・クレメンティ Franciacorta Cuvée Annamaria Clementi	ピネロ・ピノ・ネロ・デル・セビーノ Pinéro Pinot Nero del Sebino
フランチャコルタ・ブリュット・ドザージュ・ゼロ Franciacorta Brut Dosage Zéro	マウリツィオ・ザネッラ Maurizio Zanella

フランチャコルタの最高峰と讃えられる大手製造会社。1964年にアンナマリア・クレメンティ=ザネッラが別荘地を購入したのがはじまり。現当主の息子マウリッツィオ・ザネッラがシャンパーニュに魅せられ、1979年に製造をはじめる。収量制限と長期熟成により、きめ細かな泡立ちと深みのある風味のフランチャコルタを造る。

The Guide to 400 Wine Producers with Profiles & Cuvées

イタリア
Italy

ロンバルディア

Bellavista　　　　　　　　　　　　　　　　　　　　　　　　　　　フランチャコルタ

ベッラヴィスタ

主要な商品	グラン・キュヴェ・ブリュット Gran Cuvée Brut
フランチャコルタ・キュヴェ・ブリュット Franciacorta Cuvée Brut	ロゼ Rosé
フランチャコルタ・グラン・キュヴェ・パス・オペレ Franciacorta Gran Cuvée Pas Operé	コンヴェント・デッラヌンチャータ Convent dell'Anunciata

フランチャコルタで最高評価を受ける大手製造会社で、末広がりの円錐瓶で有名。1976年にヴィットリオ・モレッティがリゾート構想の一環として設立。広大な地所512haで有機栽培を実践し、50種以上のロットに選別するていねいな造り。シャルドネを主体としたブレンドを行い、エレガントなスタイル。ミラノ・スカラ座の公式飲料としても有名。

トレンティーノ・アルト・アディジェ

Ferrari

フェッラーリ

主要な商品	フェッラーリ・ペルレ・ミレジム Ferrari Perlé Millésimé
ジュリオ・フェッラーリ・リゼルヴァ・デル・フォンダトーレ Giulio Ferrari Riserva del Fondatore	フェッラーリ・マキシマム・ブリュット Ferrari Maximum Brut
フェッラーリ・ペルレ・ロゼ・ミレジム Ferrari Perlé Rosé Millésimé	フェッラーリ・ブリュット Ferrari Brut

イタリアを代表するスプマンテを手掛ける巨大製造会社。瓶内二次発酵では国内市場の3割を占め、世界第9位の規模を誇る。1902年に「シャンパーニュのような高品質」をめざしてジュリオ・フェッラーリが設立。後継者がおらず、1952年に友人のブルーノ・ルネッリが継承。ルネッリ・グループは飲料水製造セルジーヴァ社などを傘下に置く。

ヴェネト

Anselmi

アンセルミ

主要な商品	サン・ヴィンチェンツォ San Vincenzo
カピテル・クローチェ Capitel Croce	レアルダ Realda
カピテル・フォスカリーノ Capitel Foscarino	イ・カピテッリ I Capitelli

気軽とされるソアヴェにおいて、ピエロパン社やジーニ社とともに最高評価を受ける元詰め栽培家。設立は1920年代まで遡ることができ、1974年に継承した現当主ロベルトが小樽熟成を行うなど技術革新に意欲的で、ソアヴェの品質向上を牽引。質より量を重視する周囲に嫌気をさして、1999年にすべての銘柄をI.G.T.に格下げしてソアヴェから脱退。

ヴェネト

Giuseppe Quintarelli

ジュゼッペ・クインタレッリ

主要な商品	
レチョート・クラッシコ Recioto Classico	プリモ・フィオーレ Primo Fiore
ヴァルポリチェッラ・クラッシコ Valpolicella Classico	ビアンコ・セッコ Bianco Secco

1924年から5世代を重ねる元詰め栽培農家で、3代目当主ジュゼッペ・クインタレッリ（2012年逝去）はヴァルポリチェッラの巨匠と呼ばれた。みずから「伝統主義者」と称し、スロヴェニア樫の大樽で長期熟成するなど、昔ながらのワイン造りを行う。現在は孫のフランチェスコが運営。アマローネは愛好家垂涎の的で、高値で取り引きされる。

Italy

ヴェネト

ダル・フォルノ・ロマーノ
Dal Forno Romano

主要な商品

アマローネ・デッラ・ヴァルポリチェッラ Amarone della Valpolicella	ヴァルポリチェッラ・スペリオーレ Valpolicella Superiore
レチョート・デッラ・ヴァルポリチェッラ・クラッシコ・スペリオーレ Recioto della Valpolicella Classico Superiore	ネッターレ・ビアンコ Nettare Bianco

ロマーノ・ダル・フォルノが所有するワイナリーで、そのヴァルポリチェッラ・アマローネは国内で最高評価、かつ最高値のワインの1つ。農業の将来に思い悩む若き頃、巨匠クインタレッリから薫陶を受け、1983年からアマローネを造る。ブドウの乾燥工程の機械化や新樽熟成などをいちはやく導入し、濃密でやわらかな現代的なスタイルを産み出した。

ヴェネト

ベルターニ
Bertani

主要な商品

アマローネ・デッラ・ヴァルポリチェッラ・クラッシコ Amarone della Valpolicella Classico	ヴァルポリチェッラ・クラッシコ・ヴィラ・ノヴァレ Valpolicella Classico Villa Novare
	バルドリーノ・ル・ノガレ Bardolino le Nogare
ヴァルポリチェッラ・クラッシコ・スーペリオーレ・リパッソ・ヴィラ・ノヴァレ Valpolicella Classico Superiore Ripasso Villa Novare	ソアヴェ=ベルターニ・ヴィンテージ・エディション Soave-Bertani Vintage Edition

アパッシメント（陰干し）では甘口が伝統的に造られてきたなか、1958年から辛口のアマローネを造る草分け的存在として知られる。1857年にベルターニ兄弟がヴェローナでは初と言われるワイナリーを設立。耕作地200haほどの大手製造会社となった現在も家族経営を維持。ヴァルポリチェッラやソアヴェなど数多くのブランドを手掛けている。

ヴェネト

マァジ
Masi

主要な商品

	ヴェロネーゼ・トアール Veronese Toar
アマローネ・デッラ・ヴァルポリチェッラ・クラッシコ・マッツァーノ Amarone della Valpolicella Classico Mazzano	コルベック・マージ・アルゼンチーナ Corbec Masi Argentina
ロッソ・デル・ヴェロネーゼ・カンポフィオリン Rosso del Veronese Campofiorin	ヴァルポリチェッラ・セレーゴ・アリギエーリ Valporicella Serego Alighieri

ヴァルポリチェッラを中心に展開する家族経営の大手製造会社。アマローネの搾り粕を再利用するリパッソの商業生産を1980年代に初めて行ったことで有名。1772年に地元貴族からヴァイオ・デイ・マァジの土地を与えられて創業。詩人ダンテの子孫セレーゴ・アリギエーリ伯爵のワインも製造・販売を委託されるほか、アルゼンチンにも進出している。

フリウリ・ヴェネツィア・ジューリア

イエルマン
Jermann

主要な商品

	ヴィンテージ・トゥニーナ Vintage Tunina
カポ・マルティーノ Capo Martino	ピニャコルッセ Pignacoluse
ワー・ドリームス W... Dreams...	ピコリット・コッリオ・ヴィーノ・ドルチェ・デッラ・カーサ Picolit Collio Vino dolce della Casa

フリウリ地方の躍進における立役者と讃えられる大手製造会社。1881年にオーストリアからの移住したアントン・イエルマンが設立。4代目となる現当主シルヴィオは「白ワインの革命家」と呼ばれ、さまざまな改革により風味豊かな白ワインを産み出した。なかでも旗艦銘柄ワー・ドリームス（1987年）はU2へのオマージュもあり、世界的な話題となる。

The Guide to 400 Wine Producers with Profiles & Cuvées **59**

イタリア
Italy

ヴィエ・ディ・ロマンス
Vie di Romans

主要な商品	ヴィエリス・ソーヴィニヨン Vieris Sauvignon
チャンパニス・ヴィエリス・シャルドネ Ciampagnis Vieris Chardonnay	ピエーレ・ソーヴィニヨン Piere Sauvignon
デッシミス・ピノ・グリージョ Dessimis Pinot Grigio	マウルス Maurus

フリウリ・ヴェネツィア・ジュリア

1世紀に渡ってガッロ家3世代が守るエステート・ワイナリーで、1986年から現社名に。白ワインでは国内最高峰と讃えられる。3代目となる現当主ジャンフランコ・ガッロは「北の巨人」と呼ばれ、果汁の酸化防止のため二酸化炭素気流下での圧搾作業を行うなど、さまざまな改革を断行。厚みと深みのある白ワインは長期熟成にも耐える出色の出来栄え。

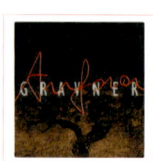

グラヴナー
Gravner

主要な商品	
ブレッグ・グラヴナー・アンフォラ Breg Gravner Anfora	ロッソ・グラヴナー Rosso Gravner
リボッラ Ribolla	ルーニョ Rujno

フリウリ・ヴェネツィア・ジュリア

自然派のなかでも象徴的な元詰め栽培家で、独創的な哲学に基づき個性的なワインを手掛ける。白ワインはテラコッタ製のアンフォラ（甕）で長期浸漬を行い、やや酸化したニュアンス。以前はシャルドネなども栽培していたものの、近年は地場品種リボッラ・ジャッラに集中。評論家ルイジ・ヴェロネッリが最高評価を3回与えたことでも話題になる。

ミアーニ
Miani

主要な商品	シャルドネ・コッリ・オリエンターリ・デル・フリウリ Chardonnay Colli Orientali del Friuli
トカイ・フリウラーノ・コッリ・オリエンターリ・デル・フリウリ Tocai Friulano Colli Orientali del Friuli	リボッラ・ジャッラ・コッリ・オリエンターリ・デル・フリウリ Ribolla Gialla Colli Orientali del Friuli
ソーヴィニヨン・コッリ・オリエンターリ・デル・フリウリ Sauvignon Colli Orientali del Friuli	メルロ・フィリップ・コッリ・オリエンターリ・デル・フリウリ Merlot Filip Colli Orientali del Friuli

フリウリ・ヴェネツィア・ジュリア

愛好家の間で争奪戦が行われるほどのカルト的人気を誇るワイン。コッリ・オリエンターリに本拠を置く栽培家で、現当主エンツォ・ポントーニが母方のミアーニ家から継承し、1984年から元詰めをはじめる。極端な収量制限を実施し、冷涼地ながらも厚みのあるワインに仕上げる。フリウラーノなどの地場品種に加えて、シャルドネやメルロも手掛ける。

リヴィオ・フェルーガ
Livio Felluga

主要な商品	シャリス Shàrjs
テッレ・アルテ Terre Alte	ピノ・グリージョ Pinot Grigio
フリウラーノ Friulano	ピコリット Picolit

フリウリ・ヴェネツィア・ジュリア

オーストリア＝ハンガリー帝国時代から、フリウリで5世代に渡ってフェルーガ家が受け継いできた元詰め栽培農家。地区最大の生産者（所有地は160ha）でありながら、屈指の優良生産者でもある。リボッラ・ジャッラやトカイ・フリウラーノ、ピコリットといった地元品種の可能性を世に知らしめた功績は大きい。

60

Italy

マルケ

Oasi Degli Angeli

オアジ・デッリ・アンジェリ

主要な商品
マルケ・ロッソ・クプラ Marche Rosso Kupra
マルケ・ロッソ・クルニ Marche Rosso Kurni

彗星のごとく現われた怪物ワインと称されるクルニを手掛ける。1990年代なかばにマルコ・カヴラネッティが恋人エレオノラ・ロッシの曽祖父が興した農園でワイン造りをはじめた。高樹齢のモンテプルチアーノをきわめて自然に栽培。発酵・MLF・熟成と3回に渡り新樽を用いる、いわゆる新樽260%(合計で)により、濃密で現代的スタイルを生む。

トスカーナ

Castello di Ama   キャンティ・クラッシコ

カステッロ・ディ・アマ

主要な商品	
キャンティ・クラッシコ ヴィニェート・ラ・カズッチャ Chianti Classico Vigneto la Casuccia	カステッロ・ディ・アマ・ロザート Castello di Ama Rosato
カステッロ・ディ・アマ キャンティ・クラッシコ Castello di Ama Chianti Classico	ラッパリータ L'Apparita

安酒でしかなかったキャンティの品質改善を牽引し、いちはやく熟成に耐えるワインを造ったエステート・ワイナリー。ブルゴーニュの特級のようなクリュという畑名商品を広めたことでも有名。1972年に4人の仲間で設立し、改革に尽力。現当主マルコ・パランティはクラッシコ協会長も務める。稀少商品ラッパリータはイタリア最高のメルロとの評価。

トスカーナ

Castello di Fonterutoli   キャンティ・クラッシコ

カステッロ・ディ・フォンテルートリ

主要な商品	ポッジオ・アッラ・バディオラ Poggio alla Badiola
カステッロ・ディ・フォンテルートリ・キャンティ・クラッシコ Castello di Fonterutoli Chianti Classico	シエピ Siepi
フォンテルートリ・キャンティ・クラッシコ Fonterutoli Chianti Classico	ジゾラ(シチリアIGT) Zisola(Sicilia IGT)

最高峰と讃えられるキャンティ・クラッシコとともに、スーパーI.G.T.の傑作シエピを手掛けるエステート・ワイナリー。1453年からマッツェイ侯爵家が24世代に渡って継承。23代当主ラポは協会長として原産地制定に尽力し、地域の品質向上に努めた。現在はフィリッポとフランチェスコの兄弟が運営。近年は沿岸部マレンマのほか、シチリアにも進出。

トスカーナ

Barone Ricasoli   キャンティ・クラッシコ

バローネ・リカーゾリ

主要な商品	カザルフェッロ Casalferro
カステッロ・ディ・ブローリオ・キャンティ・クラッシコ Castello di Brolio Chianti Classico	トッリチェッラ Torricella
ブローリオ・キャンティ・クラッシコ Brolio Chianti Classico	ロッカ・グイッチャルダ・キャンティ・クラッシコ・リゼルヴァ Rocca Guicciarda Chianti Classico Riserva

19世紀に第2代首相を輩出した名門、リカゾーリ男爵家が所有するエステート・ワイナリーで、キャンティ・クラッシコ随一の評価。1847年に陰干しの白ブドウを混ぜるゴベルノ法を考案し、軽快なスタイルを方向付けた。一時期、カステッロ・ディ・ブローリオの商標をシーグラム社に売却したが、1993年に買い戻して旗艦銘柄として評価を高めた。

イタリア
Italy

トスカーナ

Montevertine　　　　　　　　　　　　　　　　　　　　　　　　キャンティ・クラッシコ

モンテヴェルティーネ

主要な商品	
レ・ペルゴーレ・トルテ Le Pergole Torte	ピアン・デル・チャンポロ Pian del Ciampolo
モンテヴェルティーネ Montevertine	

サンジョヴェーゼ100％による初のスーパー・トスカーナとなったレ・ペルゴーレ・トルテ（1977年）を手掛ける元詰め栽培家。サンジョヴェーゼの信頼が失墜していた当時、設立者セルジオ・マネッティ（2000年逝去）はあらたな可能性を示し、ワイン史に金字塔を打ち立てた。芳醇でなめらかな古典派スタイル。女性の顔を描いたラベルが好評。

トスカーナ

Castello Banfi　　　　　　　　　　　　　　　　　　　　　　　　モンタルチーノ

カステッロ・バンフィ

主要な商品	スムス・サンタンティモ SummuS Sant'Antimo
ポッジョ・アローロ・ブルネッロ・ディ・モンタルチーノ・リゼルヴァ Poggio all'Oro Brunello di Montalcino Riserva	セレーナ・ソーヴィニヨン・ブラン Serena Sauvignon Blanc
ブルネッロ・ディ・モンタルチーノ Brunello di Montalcino	ポッジョ・アッレ・ムーラ・ブルネッロ・ディ・モンタルチーノ Poggio alle Mura Brunello di Montalcino

地区第一人者としてビオンディ・サンティとファットリア・バルビとともに「３Ｂ」と称される最大規模の製造会社。広大な土地850haを所有し、耕作地は地区認定畑の１割にあたる178haを占める。米国市場にイタリア・ワインを輸入していたハリー・マリアーニが1978年に設立。テロワールやクローン、熟成方法の研究に取り組み品質向上を図った。

トスカーナ

Case Basse　　　　　　　　　　　　　　　　　　　　　　　　モンタルチーノ

カーゼ・バッセ

主要な商品	
ブルネッロ・ディ・モンタルチーノ・リゼルヴァ・ソルデーラ Brunello di Montalcino Reserva Soldera	トスカーナ・ロッソ・ペガソス・ソルデーラ Toscana Rosso Pegasos Soldera
ブルネッロ・ディ・モンタルチーノ・ソルデーラ Brunello di Montalcino Soldera	

ブルネッロ・ディ・モンタルチーノの最高峰としてカルト的人気を誇るエステート・ワイナリー。元々の稀少性に加えて、元従業員による破壊事件（2012年）により、しばらくは出荷が困難となったことから、市場では天文学的な高値で取り引きされる。有機・共生による栽培など徹底した自然派でも有名。古典派でありながら、濃密で力強いスタイル。

トスカーナ

Tenuta Greppo　　　　　　　　　　　　　　　　　　　　　　　　モンタルチーノ

テヌータ・グレッポ

主要な商品	リヴォロ Rivolo
ブルネッロ・ディ・モンタルチーノ・リゼルヴ・テヌータ・グレッポ Brunello di Montalcino Reserve Tenuta Greppo	モレリーノ・ディ・スカンサーノ（カステッロ・ディ・モンテポ） Morellino di Scansano (Castello di Montepo)
ロザート・ディ・トスカーナ・テヌータ・グレッポ Rosato di Toscana Tenuta Greppo	サッソアローロ（カステッロ・ディ・モンテポ） Sassoalloro (Castello di Montepo)

ブルネッロ・ディ・モンタルチーノの礎を築いた名門で、家名を掲げたビオディ・サンティのワインで有名。1865年クレメンティ・サンティが赤ワインを造ったのがはじまり。孫フェルッチョがサンジョヴェーゼ・グロッソを分枝・植樹し、1888年に最初のブルネッロ・ディ・モンタルチーノが誕生。品質重視のきびしい基準は原産地規定の元となる。

62

Italy

トスカーナ

la Cerbaiola　　　　　　　　　　　　　　　　　　　　　　　モンタルチーノ

ラ・チェルバイオーラ

主要な商品

ブルネッロ・ディ・モンタルチーノ・サルヴィオーニ
Brunello di Montalcino "Salvioni"

ロッソ・ディ・モンタルチーノ・サルヴィオーニ
Rosso di Montalcino "Salvioni"

家名を掲げるサルヴィオーニは稀少性から「幻」としてブルネッロ・ディ・モンタルチーノの最高評価を得る。元はオリーブ栽培を主としていたものの、寒波で樹が枯れたことから、現当主ジュリオ・サルヴィオーニが軸足を移して1985年から元詰め。わずかな畑3haで収量制限を行い、大樽や中樽での熟成を経て、濃密で古典的なワインに仕上げる。

トスカーナ

Luce della Vite　　　　　　　　　　　　　　　　　　　　　　モンタルチーノ

ルーチェ・デッラ・ヴィーテ

主要な商品

ルーチェ
Luce

ルチェンテ
Lucente

フレスコバルディ侯爵家とロバート・モンダヴィ社の共同出資で1995年設立。モンタルチーノの個性を表現するため、サンジョヴェーゼ・グロッソ主体というI.G.T.は個性的なブレンド。2005年に侯爵家が完全買収し、テヌータ・ディ・トスカーナの傘下に置く。太陽の絵柄で有名なルーチェのほか、ブルネッロ・ディ・モンタルチーノなども手掛ける。

トスカーナ

Ornellaia　　　　　　　　　　　　　　　　　　　　　　　　　ボルゲリ

オルネッライア

主要な商品

オルネッライア　　　　　　　　　　　　レ・ヴォルテ
Ornellaia　　　　　　　　　　　　　　　Le Volte

レ・セッレ・ヌオーヴェ　　　　　　　　マッセート
Le Serre Nuove　　　　　　　　　　　　Masseto

アンティノリ侯爵家の現当主ピエロの弟ロドヴィゴが1981年に設立し、1988年から生産を開始する。サッシカイアに劣らぬものをとの情熱からボルゲリ屈指の評価を得る。メルロを得意とし、限定品マッセートは国内最高値を付けるなど話題。ロバート・モンダヴィ社の買収を経て、2005年からフレスコバルディのテヌータ・ディ・トスカーナの傘下となる。

トスカーナ

Tenuta San Guido　　　　　　　　　　　　　　　　　　　　　ボルゲリ

テヌータ・サン・グイード

主要な商品

サッシカイア　　　　　　　　　　　　　レ・ディフェーゼ
Sassicaia　　　　　　　　　　　　　　　Le Difese

グイダルベルト
Guidalberto

元祖スーパー・トスカーナのサッシカイアを手掛けるエステート・ワイナリー。名門アンティノリの縁戚インチーザ・デッラ・ロケッタ侯爵家が1948年から自家用に造ったのがはじまり。ラフィット・ロートシルトから分枝したカベルネ・ソーヴィニヨンを用い、深みと調和を表現。市販は1971年（1968年産）。1994年には単独生産者でD.O.C.を獲得。

The Guide to 400 Wine Producers with Profiles & Cuvées

イタリア
Italy

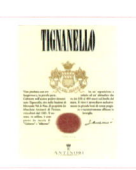

アンティノリ
Antinori

トスカーナ

主要な商品	バディア・ア・パッシニャーノ・キャンティ・クラッシコ・リゼルヴァ Badia a Passignano Chianti Classico Riserva
ソライア Solaia	ヴィッラ・アンティノリ・ロッソ Villa Antinori Rosso
ティニャネッロ Tignanello	チェルヴァロ・デッラ・サラ Cervaro della Sala

アンティノリ侯爵家が所有する州内最大の製造会社で、創業は14世紀にさかのぼる名門。生産規模も大きいものの、トスカーナを中心として高品質商品を手掛けることで知られる。旗艦銘柄であるティニャネッロ、ソライアなどスーパー・トスカーナの先駆者であり、サッシカイア誕生にも関わるなど、同社が近年のイタリア・ワイン史を描いてきた。

テスタマッタ・ディ・ビー・ビー・グラーツ
Testamatta di Bibi Graetz

トスカーナ／フィレンツェ

主要な商品	ブジーア Bugia
テスタマッタ Testamatta	カザマッタ Casamatta
カナイオーロ Canaiolo	コローレ・ディ・テスタマッタ Colore di Testamatta

2000年が初ヴィンテージという新興の元詰め栽培家で、濃密で現代的なスタイル。2003年のワイン見本市ヴィネクスポで、出展3万本のうちの第1位になったことでブレークした。カナイオーロやコロリーノなど地元品種に注目し、サンジョヴェーゼとのブレンドを行った。近年はカザマッタというカジュアル・ブランドも手掛ける。

テヌータ・ディ・トリノーロ
Tenuta di Trinoro

トスカーナ

主要な商品	フランケッティ Franchetti
テヌータ・ディ・トリノーロ Tenuta di Torinoro	チンチナート Cincinnato
レ・クーポレ・ディ・トリノーロ Le Cupole di Trinoro	パッソピッシャーロ Passopisciaro

トスカーナ南部に彗星のように現われたスーパーI.G.T.で、州内屈指の評価と高値で知られる。資産家アンドレア・フランケッティがローマの喧騒から逃れ、1980年に広大な土地を取得。ヴァランドローのテュスヴァンの指導を受けてメルロを栽培、1991年から濃密でやわらかな現代的ワインを造る。2002年からシチリアでパッソピッシャーロを生産。

フレスコバルディ
Frescobaldi

トスカーナ

主要な商品	ラマイオーネ・カステル・ジョコンド Lamaione Castel Giocondo
モルモレット・カステッロ・ディ・ニポッツァーノ Mormoreto Castello di Nipozzano	ブルネッロ・ディ・モンタルチーノ・カステル・ジョコンド Brunello di Montalcino Castel Giocondo
キャンティ・ルフィナ・カステッロ・ディ・ニポッツァーノ Chianti Rufina Castello di Nipozzano	ヴェネツィア・ジューリア・リボッラ・ジアッラ・アテムス Venezia Giulia Ribolla Gialla Attems

フレスコバルディ侯爵家は持ち株会社テヌータ・ディ・トスカーナを形成し、ルーチェやオルネッライア、カステル・ジョコンドなど9軒、総耕作地1000haを抱える。1092年まで遡る名門で、14世紀にはヨーロッパ中の宮廷にワインを収めた。外来品種の栽培や新樽熟成も積極的で、白赤ともやわらかで肉厚。親しみやすさが好評を博す。

Italy

アブルッツォ

Edoardo Valentini
エドアルド・ヴァレンティーニ

主要な商品

モンテプルチアーノ・ダブルッツォ Montepulciano d'Abruzzo	モンテプルチアーノ・ダブルッツォ・チェラスオーロ Montepulciano d'Abruzzo Cerasuolo
トレッビアーノ・ダブルッツォ Trebbiano d'Abruzzo	

アブルッツォ州で唯一の銘酒と讃えられた名門の元詰め栽培農家で（創業1632年）、畑は大規模ながらも、良作年にしかワインを造らず、造っても収穫量の2割程度しか使用せず、残りは売却する徹底ぶり。古代ギリシャの哲学書に従い、化学薬品を使わずに伝統的なワイン造りを行う。エドアルドの逝去（2006年）により、現在は長男フランチェスコが継承。

アブルッツォ

Masciarelli
マシャレッリ

主要な商品

	モンテプルチアーノ・ダブルッツォ Montepulciano d'Abruzzo
モンテプルチアーノ・ダブルッツォ・マリナ・チヴェティッチ Montepulciano d'Abruzzo Marina Cvetic	ヴィッラ・ジェンマ・ビアンコ Villa Gemma Bianco
モンテプルチアーノ・ダブルッツォ・ヴィッラ・ジェンマ Montepulciano d'Abruzzo Villa Gemma	トレッビアーノ・ダブルッツォ・カステッロ・ディ・セミヴィーコリ Trebbiano d'Abruzzo Castello di Semivicoli

アブルッツォ・ワインを世界的に有名にした大手エステート・ワイナリー。1978年にジャンニ・マシャレッリ（2008年逝去）が祖父から継承した土地に設立し、1981年が初生産。現在は夫人マリナ・チヴェティッチが運営。収量制限や最新技術により、濃密で現代的なワインを手掛ける。上級商品マリナ・チヴェティッチと最上級品ヴィッラ・ジェンマが高

カンパーニャ

Feudi di San Gregorio
フェウディ・ディ・サン・グレゴリオ

主要な商品

	フィアーノ・ディ・アヴェッリーノ Fiano di Avellino
タウラージ Taurasi	セルピコ・イルピニア・ロッソ Serpico Irpinia Rosso
ラクリマ・クリスティ・デル・ヴェスヴィオ・ロッソ Lacryma Christi del Vesuvio Rosso	パトリモ Pàtrimo

カンパーニャでは最高評価を受ける元詰めの大手製造会社。1986年にエンツォ・エルコリーノが震災に見舞われた故郷の復興のために実家を継承、技術革新や規模拡大を図った。当地にブドウ栽培を奨励した6世紀の教皇サングレゴリオ1世を讃えて命名。アリアーニコ100％の旗艦銘柄セルピコをはじめ、赤白ともに地場品種のワインを手掛ける。

カンパーニャ

Mastroberardino
マストロベラルディーノ

主要な商品

	グレコ・ディ・トゥーフォ Greco di Tufo
タウラージ・ラディーチ・リゼルヴァ Taurasi Radici Riserva	ヒストリア・タウラージ Historia Taurasi
ラクリマ・クリスティ・デル・ヴェスヴィオ・ロッソ Lacryma Christi del Vesuvio Rosso	ヴィッラ・デイ・ミステリ Villa dei Misteri

カンパーニャ最高峰と讃えられる元詰め大手製造会社。16世紀からワイン造りに携わるベラルディーノ家が1878年に設立。南イタリアにおける地場品種の復興に貢献。品質重視の姿勢をいちはやく打ち出し、地域の品質向上を牽引。ポンペイ遺跡の畑でワインを造るプロジェクトを委託される。現当主ピエロは大学教授で全国生産者連合議長を歴任の名士。

The Guide to 400 Wine Producers with Profiles & Cuvées 65

イタリア
Italy

カラブリア

リブランディ
Librandi

主要な商品	クリトーネ・ビアンコ Critone Bianco
ドゥーカ・サンフェリーチェ・チロ・ロッソ・リゼルヴァ Duca Sanfelice Cirò Rosso Riserva	チロ・ビアンコ Cirò Bianco
チロ・ロッソ・クラッシコ Cirò Rosso Classico	グラヴェッロ Gravello

南イタリア屈指の品質を誇る元詰め栽培農家で、1950年にアントニオ・リブランディがカラブリアの伝統銘柄チロの元詰めを初めて行った。栽培の改善、収量制限、ブドウ搬送の迅速化、発酵温度の管理を導入。地場品種ガリオッポにカベルネ・ソーヴィニヨンを混ぜた上級品グラヴェッロ、古代品種マリオッコを復活させたマーニョ・メゴーニョも有名。

サルデーニャ

サルドゥス・パーター
Sardus Pater

主要な商品	ヴェルメンティーノ・ディ・サルディーニャ・テッレ・フェニーチェ Vermentino di Sardigna Terre Fenicie
カリニャーノ・デル・サルシス・スーペリオーレ・アッルーガ Carignano del Salcis Superiore Arruga	ヴェルメンティーノ・ディ・サルディーニャ AD49 Vermentino di Sardegna AD49
カリニャーノ・デル・サルシス・スペリオーレ・ヌール Carignano del Salcis Superiore Nur	モスカート・ディ・カリアリ Moscato di Cagliari Amentos

サルデーニャ南端にある小さなサンタンティオコ島に本拠を置くワイナリーで、旗艦銘柄アッルーガは評価誌で年間大賞を得るほど。1949年に協同組合として設立、1955年に製造開始。組合員200人が所有する畑300haから原料を調達。やせた砂地で樹齢50年を超えるカリニャンの古樹で収量制限を実施。発泡酒や白ワインも秀逸な出来栄え。

シチリア

ドゥーカ・ディ・サラパルータ
Duca di Salaparuta

主要な商品	ドゥーカ・エンリコ Duca Enrico
コルヴォ・ロッソ Corvo Rosso	パッソ・デッレ・ムーレ Passo delle Mule
ビアンカ・ディ・ヴァルグァルネーラ Bianca di Valguarnera	トリスケレ Triskelé

軽快な白赤で知られる人気銘柄コルヴォを手掛ける大手製造会社。1824年にサラパルータ公爵（ドゥーカ）が賓客をもてなすため、ワインを造ったのがはじまり。品種の厳選や設備の改新により、それまで量産基地と看做されていたシチリアの可能性を世に知らしめた。3代目当主の名前を掲げた旗艦銘柄ドゥーカ・エンリコは重厚で深みがあると高評。

シチリア

プラネタ
Planeta

主要な商品	サンタ・チェチリア Santa Cecilia
チェラズオーロ・ディ・ヴィットリア Cerasuolo di Vittoria	コメータ Cometa
ブルデーゼ Burdese	シャルドネ Chardonnay

シチリアにおけるヴァラエタル・ワインの牽引役ともいえる大手製造会社。プラネタ家は3世紀以上の歴史を持ち、現当主ディエゴはシチリア最大の協同組合では組合長も務めた。元詰めの動きが広まるなか、葛藤の末に1985年から元詰め。評価誌で1996年産シャルドネが最高評価で話題になる。現在は6軒のワイナリーで総面積340haを抱える。

The Guide to
400 Wine Producers
with Profiles & Cuvées

スペイン

Spain

スペインではワインのブランド化が図られず、地産地消の消費傾向が強く残っていた。20世紀後半を迎えて、リベラ・デル・デュエロやプリオラートにおける産地興隆が始まり、近年は国際市場でも高評価を得るワイナリーが増えてきた。以前はビニェードス（栽培農家）とボデガス（製造会社）の分業化が一般的だったものの、近年はあらたに栽培農家が元詰めをはじめたり、製造会社が系列の農家で元詰めをはじめたりする例が見られる。

Spain

スペイン

代表的生産者

リオハ

Bodegas Faustino
ファウスティーノ

主要な商品

ファウスティーノ1世・グラン・レセルバ
Faustino I Gran Reserva

ファウスティーノ5世・レセルバ
Faustino V Reserva

ファウスティーノ7世
Faustino VII

ファウスティーノ・デ・クリアンサ
Faustino de Crianza

リオハで最大規模を誇る巨大製造会社で、耕作地650haから年間8000kℓを産出。グループでリオハ輸出量の4割を占める。アメリカ樫の小樽で熟成させることで、落ちついた古典的スタイルに仕上げる。1861年にマルティネス＝アルソック家が設立し、1927年に縁戚のファウスティーノ家が継承。20世紀半ばから急拡大し、ラ・マンチャなどにも進出。

リオハ

Termo Rodriguez
テルモ・ロドリゲス

主要な商品

リオハ・レメリュリ・レセルバ
Rioja Remelluri Reserva

リオハ・アルトス・ランサガ
Rioja Altos Lanzaga

リベラ・デル・デュエロ・マタヤーナ
Ribera del Duero Matallana

トロ・パゴ・ラ・ハラ
Toro Pago la Jara

若き頃に「異端児」「怪童」と称された先鋭的醸造家。新樽熟成による濃密な現代的スタイルをいちはやく打ち出す。リオハにある実家レメリュリが出世作となるが、父との対立から1999年に独立。その後は各地でマタナーヤ（リベラ・デル・デュエロ）やパゴ・ラ・ハラ（トロ）などのスーパー・スパニッシュを手掛ける。2010年には実家を継承。

リオハ

López de Heredia
ロペス・デ・エレディア

主要な商品

リオハ・ビーニャ・ボスコニア・ティント・グラン・レセルバ
Rioja Viña Bosconia Tinto Gran Reserva

リオハ・ビーニャ・トンドニア・ティント・レセルバ
Rioja Viña Tondonia Tinto Reserva

リオハ・ビーニャ・ボスコニア・ティント・レセルバ
Rioja Viña Bosconia Tinto Reserva

リオハ・ビーニャ・クビージョ・ティント・クリアンサ
Rioja Viña Cubillo Tinto Crianza

リオハ・ビーニャ・トンドニア・ブランコ・グラン・レセルバ
Rioja Viña Tondonia Blanco Gran Reserva

古典派リオハの最高峰と讃えられるビーニャ・トンドニアを手掛け、総耕作面積は163ha。1877年にラファエル・ロペス・デ・エレディアが設立。1914年にトンドニアをはじめとする4つの自社畑を拓き、元詰めをはじめる。木製開放桶やアメリカンオークの小樽などを用いた伝統的な造り。現在は3世代を重ね、家族経営で現存する生産者では最古。

リオハ

Marques de Murrieta
マルケス・デ・ムリエタ

主要な商品

リオハ・カスティーリョ・イガイ・グラン・レセルバ・エスペシャル
Rioja Castillo Ygay Grand Reserva Especial

リオハ・ダルマウ・ティント・レセルバ
Rioja Dalmau Tinto Reserva

リオハ・レセルバ
Rioja Reserva

リオハ・カペッラニア・ブランコ・レセルバ
Rioja Capellania Blanco Reserva

リアス・バイシャス・パゾ・バランテス・アルバリーニョ
Rias Baixas Pazo Barrantes Albarino

古典派リオハでは最高評価を受けるカスティーリョ・イガイを手掛ける製造会社。1852年ルチアーノ・デ・ムエリタが設立。1878年に銘醸畑イガイを購入して品質向上に努め、その功績から侯爵に任じられる。ステンレス発酵槽など最新技術を導入しつつも、アメリカンオークの小樽による熟成など伝統的な造りを堅持。1983年にセブリアン伯爵家が継承。

68

Spain

リオハ

Sierra Cantabria
シエラ・カンタブリア

主要な商品

リオハ・グラン・レセルバ
Rioja Gran Reserva

リオハ・セレクシオン
Rioja Selección

リオハ・キュヴェ
Rioja Cuvée

エストラテゴ・レアル
Estratego Real

スーパー・スパニッシュのヌマンシア（2008年売却）で勇名を馳せたエグレン家の本拠地で、1870年設立。従来の古典的リオハに加えて、ビーニャ・シエラ・カンタブリアの商標では最新技術を駆使して、アマンシオやエル・ボスケなどの現代的ワインも手掛ける。国内に6軒のワイナリーを抱えており、近年は普及品エストラテゴ・レアルが好調。

リオハ

Remelluri
レメリュリ

主要な商品

レメリュリ・グラン・レセルバ
Remelluri Gran Reserva

レメリュリ・レセルバ
Remelluri Reserva

レメリュリ
Remelluri

先鋭的醸造家テルモ・ロドリゲスの実家であり、彼の出世作となったスーパー・スパニッシュの1つ。ボルドーで修業した後リオハに戻ったものの、古典派の長期熟成に伴う枯れたスタイルを嫌い、新樽熟成を適度に切り上げる方法を導入。伝統的階級制度でもあるレセルバ表示も止めた。父との意見の対立から1999年を最後に独立。

ペネデス

Torres
トーレス

主要な商品

グラン・コロナス
Gran Coronas

グランス・ムラーリャス
Grans Muralles

マス・ラ・プラナ
Mas La Plana

ミルマンダ
Milmanda

サルモス
Salmos

個人所有としては世界最大の生産量を誇る巨大製造会社で、チリやカリフォルニアにも進出。1870年から4世代を重ね、現当主はミゲル・A.トーレス。20世紀半ばにフランス系品種をいちはやく栽培し、ステンレス槽による発酵や小樽熟成など技術革新を図る。スペインの国際化と品質向上を牽引するとともに、里親の支援など数々の社会貢献活動も行う。

ペネデス

Jean Leon
ジャン・レオン

主要な商品

ペネデス・ビーニャ・ラ・スカラ・カベルネ・ソーヴィニヨン・グラン・レセルバ
Penedès Vinya La Scala Cabernet Sauvignon Gran Reserva

ペネデス・ビーニャ・パラウ・メルロ
Penedès Vinya Palau Merlot

ペネデス・メルロ・プティ・ヴェルド
Penedès Merlot-Petit Verdot

ペネデス・ビーニャ・ジジ・シャルドネ
Penedès Vinya Gigi Chardonnay

スペインにおけるボルドー品種のさきがけとなった生産者で1983年設立。創業者セフェリーノ・カリオン（1996年逝去）は19歳で渡米し、俳優たちとの交流を通して、ハリウッドでのレストラン・ビジネスで成功を収めた後、故郷でワイン造りをはじめた。現在はトーレス社が継承しており、ブランドとコンセプトを守り続けている。

スペイン
Spain

プリオラート

Alvaro Palacios
アルバロ・パラシオス

主要な商品

フィンカ・ドフィ
Finca Dofi

レルミタ
L'Ermita

グラタヨップス・ビ・デ・ビラ
Gratallops vi de Vila

カミンス・デル・プリオラート
Camins del Priorato

スペインを代表する若手醸造家で、プリオラートの立役者として有名な「4人組」のひとり。旗艦銘柄レルミタは樹齢60年以上のグルナッシュからなる単一畑のもので、国内最高値を付ける1つ。スペイン各地で高評価のワインを造り出しているほか、2000年には実家であるリオハの老舗パラシオス・レモンド（旧エレンシア・レモンド）を継承。

プリオラート

Mas Martinet
クロス・モガドール

主要な商品

クロス・モガドール
Clos Mogador

プリオラートの「4人組」のひとり、ルネ・バルビエが1989年に設立。南仏の栽培農家の家系だったものの、フィロキセラ禍により廃業、曽祖父がスペインに移住した。プリオラートの可能性に気付き、アルバロ・パラシオスなどを誘って4人でワイン造りをはじめる。ネゴシアン・ブランドのルネ・バルビエはフレシネ社の傘下となっている。

リベラ・デル・デュエロ

Alejandro Fernandez
アレハンドロ・フェルナンデス

主要な商品

リベラ・デル・デュエロ・ティント・ペスケラ・クリアンサ
Ribera del Duero Tinto Pesquera Crianza

リベラ・デル・デュエロ・ティント・ペスケラ・ハヌス・グラン・レセルバ
Ribera del Duero Tinto Pesquera Janus Gran Reserva

デエーサ・ラ・グランハ
Dehesa La Granja

コンダド・デ・アサ・ティント
Condado de Haza Tinto

アレンサ・グラン・レセルバ
Alenza Gran Reserva

スペインにおける改革運動の牽引役となったエステート・ワイナリーで、1972年にアレハンドロ・フェルナンデスが設立。地場品種テンプラニーリョにこだわり、一部に小樽熟成を用い、濃密で膨らみのあるスタイルを生む。従来のスペインワインとは一線を画す、スーパー・スパニッシュの先駆け。旗艦銘柄ハヌスは国内最高値の1つ。

リベラ・デル・デュエロ

Dominio de Pingus
ドミニオ・デ・ピングス

主要な商品

ピングス
Pingus

フロール・デ・ピングス
Flor de Pingus

スペインにおけるガレージ・ワインの最高峰と讃えられ、旗艦銘柄ピングスは国内最高値として有名。デンマーク出身のピーター・シセックはボルドーのヴァランドローでの修業後に入植。樹1本から500gの収穫という極端な収量制限により、圧倒的な凝縮感を表現。年間生産量約30樽、9000本という稀少性もあり、愛好家の争奪戦となる。

Spain

リベラ・デル・デュエロ

ベガ・シシリア
Bodegas Vega Sicilia

主要な商品

リベラ・デル・デュエロ・ウニコ
Ribera del Duero Único

バルブエナ・シンコ・アニョ
Valbuena 5 Año

リベラ・デル・デュエロ・ウニコ・レセルバ・エスペシアル
Ribera del Duero Único Reserva Especial

リベラ・デル・デュエロ・アリオン
Ribera del Duero Alion

長らくスペイン唯一の高級酒であり、最高峰と讃えられてきたウニコを手掛けるエステート・ワイナリー。1864年にボルドー品種を移植し、はじめてテンプラニーリョに混ぜた。良作年のみのウニコのほか、セカンドワインのバルブエナ、マルチ・ヴィンテージのエスペシアル・レゼルバがある。1992年には現代的スタイルのボデガス・アリオンを設立。

リベラ・デル・デュエロ

マウロ
Bodegas Mauro

主要な商品

マウロ
Mauro

サン・ロマン
San Román

テレウス
Terreus

プリオラート・ネリン
Priorato Nelin

プリオラート・マニュテス
Priorato Manyetes

長年ベガ・シシリアの醸造に携わったマリアノ・グラシアが1980年に設立。1988年に退職するまでは「2束のわらじ」といわれた。最新技術を駆使し、フレンチオークの小樽による熟成を経て、濃密な現代的なワインに。限定品テレウス「パゴ・デクエバ・バハ」や上級品ベンデミア・セレクショーナーダは愛好家垂涎の的。トロのサン・ロマンも好評。

トロ

ヌマンシア・テルメス
Numanthia Termes

主要な商品

トロ・ティント・ヌマンシア
Toro Tinto Numanthia

トロ・ティント・テルマンシア
Toro Tinto Termanthia

トロ・ティント・テルメス
Toro Tinto Termes

スペイン西部のトロで造られるスーパー・スパニッシュの1つ。リオハ老舗のシエラ・カンタブリアを所有するエグレン家が1998年に設立。フィロキセラの被害を免れた樹齢70〜100年のテンプラニーリョ100%で造る。旗艦銘柄テルマンシアが国内最高評価を得て話題になる。2008年にLVMHが買収。屋号のヌマンシアはローマ軍と戦った英雄に因む。

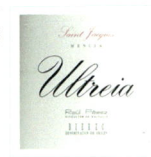

ビエルソ

ラウル・ペレス
Bodegas y Vinedos Raul Perez

主要な商品

カスティーリャ・イ・レオン・ララ・アビス
Castilla y Leon Rara Avis

カスティーリャ・イ・レオン・ララ・アビス・ビアンコ
Castilla y Leon Rara Avis Bianco

リアス・バイシャス・ムティ・アルバリーニョ
Rias Baixas Muti Albariño

ビエルソ・ウルトレイア・サン・ジャック
Bierzo Ultreia SaintJacques

ビエルソ・バルトゥイエ・セパス・センテナリアス・カストロ・ベントサ
Bierzo Valtuille Cepas Centenarias Castro Ventosa

北西部ガリシア地方における赤ワイン革命を牽引する生産者。実家は1752年から続く老舗カストロ・ベントーサで、1993年から運営に加わる。1999年アルバロ・パラシオスに協力して、デセンディエンス・デ・ホセ・パラシオスの設立で話題になる。2003年に独立してみずからのワイナリーを設立したほか、20軒ほどのコンサルティングを行う。

The Guide to 400 Wine Producers with Profiles & Cuvées

リアス・バイシャス

Bodegas Gerardo Mendez
ヘラルド・メンデス

主要な商品

リアス・バイシャス・アルバリーニョ・ド・フェレイロ・セパス・ベリャス
Rias Baixas Albariño do Ferreiro Cepas Vellas

リアス・バイシャス・アルバリーニョ・ド・フェレイロ
Rias Baixas Albariño do Ferreiro

アルバリーニョ種から造る白ワインの品質向上を牽引した生産者で、1973年ヘラルド・メンデス・ラサロにより設立。父フランシスコ・メンデス・フェレイロが手掛けた自家消費用が評判だったことから、旗艦銘柄にはド・フェレイロ・セパス・ベリャスを掲げる。樹齢200年とも言われる古樹から造られ、リアス・バイシャスの最高峰と讃えられる。

カバ

Freixenet
フレシネ

主要な商品

コルドン・ネグロ
Cordon Negro

カルタ・ネバダ
Carta Nevada

セミ・セコ・ロゼ
Semi Seco Rosé

黒い磨りガラス瓶で有名なコルドン・ネグロを手掛ける。カバの総生産量4割を占める最大手で、1861年設立。スパークリングワインの製造会社では世界最大。業界3位カステル・ブランチ社なども傘下に置き、グループでカバの総生産量の7割を占める。シャンパーニュ老舗のアンリ・アベレ社など、世界各地に22軒のワイナリーを傘下に置く。

カバ

Codorniu
コドルニュ

主要な商品

カバ・ジャウマ
Cava Jaume

カバ・セレクシオン・ラベントス
Cava Selección Raventos

カバ・クラシコ・ブリュット
Cava Clasico Brut

リオハ・ビーニャ・ポマル・ビルバイナス
Rioja Viña Pomal Bilbainas

コステルス・デル・セグレ・テンプラニーリョ・ライマット
Costers del Segre Tempranillo Raimat

業界2位の規模を誇る巨大製造会社で、カバの総生産量の2割を占める。1551年にジャウマ・コドルニュがワインを造りはじめたのが起源。1872年に縁戚のホセ・ラベントスが国内初で瓶内二次発酵を用いた製造に成功し、1885年に商品化。現在まで家族経営を維持しており、国内に加えてカリフォルニアやアルゼンチンに傘下のワイナリーを抱える。

ヘレス

Gonzalez Byass
ゴンザレス・ビアス

主要な商品

ヘレス・ティオ・ペペ
Xérès Tio Pepe

ヘレス・アルフォンソ
Xérès Alfonso

ベルデホ・ソーヴィニョン・ブラン・アルトザーノ
Verdejo Sauvignon Blanc Altozano

テンプラニーリョ・シラー・アルトザーノ
Tempranillo Syrah Altozano

シェリーでは最大規模を誇る製造会社で、ティオ・ペペ（ペペおじさん）はフィノ（辛口）の代名詞とも言える有名銘柄。創業者の叔父ホセ・アンヘル・デ・ラ・ペニャが唎き酒の名人だったことに因む。1835年マヌエル・マリア・ゴンザレス・アンヘルが設立し、1870年に英国の輸入業者ロバート・ブレイク・ビアスを共同経営者に迎えて事業拡大。

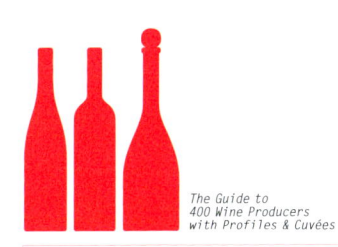

The Guide to
400 Wine Producers
with Profiles & Cuvées

ドイツ

Germany

ドイツは中世の頃に設立された名門ワイナリーがいまも多く残り、その歴史の厚みを感じさせる。19世紀から20世紀にかけて交配種による日常酒の比重を大きくしたため、一時期は苦戦を強いられることもあった。近年は国際的にリースリングが再評価されるとともに、ピノ・ノワールなどブルゴーニュ品種の挑戦などのあらたな試みが功を奏している。名門ばかりでなく、意欲的な生産者への注目が集まり、色彩を豊かにしている。

Germany

ドイツ

代表的生産者

モーゼル

エゴン・ミュラー
Egon Müller

主な商品

シャルツホーフベルク・リースリング・シュペートレーゼ Scharzhofberger Riesling Spätlese	シャルツホフベルガー・リースリング Q.b.A. Scharzhofberger Riesling Q.b.A.
シャルツホーフベルク・リースリング・カビネット Scharzhofberger Riesling Kabinett	シャトー・ベラ・リースリング Château Bala Riesling

古代ローマ時代に開墾された特別単一畑シャルツホーフベルクの最大所有者であり、国内最高峰と讃えられる元詰め栽培家で耕作地は12ha。1797年にフランス革命政府からコッホ家に払い下げられ、婚姻によりミュラー家が相続。大樽で仕込む伝統的スタイルはザール・リースリングの神髄とも讃えられ、アウスレーゼ以上は高値で取り引きされる。

モーゼル

カルトホイザーホーフ
Karthäuserhof

主な商品

アイテルスバッハー・カルトホイザーホーフベルク・リースリング・アウスレーゼ Eitelsbacher Karthäuserhofberg Riesling Auslese	アイテルスバッハー・カルトホイザーホーフベルク・ハルプトロッケンQ.b.A. Eitelsbacher Karthäuserhofberg Halbtrocken Q.b.A.
アイテルスバッハー・カルトホイザーホーフベルク・リースリング・カビネット Eitelsbacher Karthäuserhofberg Riesling Kabinett	

アイステルバッハ村で最も有名な畑カルトホイザーホーフを単独所有し、耕作地は18ha。13世紀に開墾され、4世紀以上もシャルトリューズ派の修道士が管理。フランス系の現所有者ティレ家の縁戚が1811年に競売で取得。フルート瓶の肩にだけ貼られた小さなラベルが印象的。ルーヴァー地区の究めつけと讃えられる。

モーゼル

ドクター・ローゼン
Dr. Loosen

主な商品

エルデナー・トレップヒェン・リースリング・カビネット Erdener Treppchen Riesling Kabinett	ヴィラ・ヴォルフ・ピノ・ノワール Villa Wolf Pinot Noir
リースリング・ファインヘルプ Riesling Feinherb	

2世紀以上の歴史を持つ名門で、国内最高評価を受ける。1988年に継承した現当主エルンスト・ローゼンは世界最高の醸造家と讃えられる。有機栽培で育てる自根の古樹に注目し、きびしい収量制限によりモーゼル・リースリングの傑作を生む。1996年からJ.L.ヴォルフ（ファルツ）の委託管理など、新規事業にも積極的に取り組む。

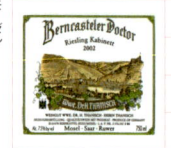

モーゼル

ドクトール・ターニッシュ
Dr. Thanisch

主な商品

	ベルンカステラー・バードスチューベ・リースリング・カビネット Bernkasteller Badstube Riesling Kabinett
ベルンカステラー・ドクトール・リースリング・シュペートレーゼ Berncasteler Doctor Riesling Spätlese	リースリング Riesling
ベルンカステラー・ドクトール・リースリング・カビネット Berncasteler Doctor Riesling Kabinett	モーゼル・ピノ・ノワール Mosel Pinot Noir

ベルンカステル村で屈指とされる銘醸畑ドクトールの最大所有者で、4世紀近い歴史を持つ名門で耕作地は10ha。トリアー選帝侯が14世紀に命名した由緒のある畑名。選帝侯が病に倒れた際、農民が献上したワインを飲んで回復したという逸話が残る。古典的な半甘口に仕上げられるものの、ミネラル感の強さがある切れの良さが特徴とされる。

Germany

モーゼル

Von Schubert
フォン・シューベルト

主要な商品

マクシミン・グリュンホイザー・アプツベルク・リースリング・アウスレーゼ
Maximin Grünhäuser Abtsberg Riesling Auslese

マクシミン・グリュンホイザー・ヘレンベルク・リースリング・カビネット
Maximin Grünhäuser Herrenberg Riesling Kabinett

マキシミン・グリュンハウス村の銘醸畑アプツベルクを単独所有する名門で耕作地は34ha。村名は966年に神聖ローマ皇帝オットー1世が聖マキシミン修道院に寄進したことに因む。1882年にフォン・シューベルト家の縁戚が購入。現当主カールは匠として有名。辛口から甘口まで高評で、1921年の貴腐ワインは樽では最高値で取り引きされた記録を持つ。

モーゼル

Fritz Haag
フリッツ・ハーク

主要な商品

ブラウネベルガー・ユッファー・リースリング・カビネット
Brauneberger Juffer Riesling Spätlese

ブラウネベルガー・ユッファー・ゾンネンウーア・リースリング・アウスレーゼ・金冠
Brauneberger Juffer-Sonnenuhr Riesling Auslese Goldkapsel

リースリング・カビネット
Riesling Kabinett

ブラウネベルガー・ユッファー・ゾンネンウーア・リースリング・シュペートレーゼ
Brauneberger Juffer-Sonnenuhr Riesling Spätlese

リースリング
Riesling

中部モーゼルの代表的存在で、国内屈指の評価を受ける元詰め栽培家で耕作地は16.5ha。1605年まで遡ることができる名門で、皇帝ナポレオンが「モーゼルの真珠」と讃えた。先代ヴィルヘルムは交配品種が全盛の時代にいちはやくリースリングに注力。旗艦銘柄ユッファー・ゾンネンウーアは最大斜度72度の粘板岩土壌で、モーゼルの理想的条件。

モーゼル

Joh.Jos.Prüm
ヨハン・ヨゼフ・プリュム

主要な商品

グラッヒャー・ヒンメルライヒ・シュペートレーゼ
Graacher Himmelreich Spätlese

ヴェーレナー・ゾンネンウーア・アウスレーゼ
Wehlener Sonnenuhr Auslese

ベルンカステラー・バートシュトゥーベ・シュペートレーゼ
Bernkastrler Badstube Spätlese

ヴェーレナー・ゾンネンウーア・シュペートレーゼ
Wehlener Sonnenuhr Spätlese

ヨハン・ヨゼフ・プリュム カビネット
Joh.Jos.Prüm Kabinett

中部モーゼルの代表的存在で、国内最高評価を受ける元詰め栽培家で耕作地は21ha。12世紀の文献にも名を残す名門で、1842年にヨドクスが日時計を建てたことから、銘醸畑ゾンネンウーアが命名された。当時、モーゼル最大規模を誇ったものの、遺産分割。1911年にヨハン・ヨゼフが総領家を継承して改名。完熟原料による長熟な古典的スタイル。

ラインガウ

Georg Breuer
ゲオルグ・ブロイヤー

主要な商品

エステート・ラウエンタール・リースリング・トロッケン
Estate Rauenthal Riesling Trocken

ベルク・ロットランド・リューデスハイム・リースリング
Berg Rottland Rüdesheim Riesling

ゲーベー・ルージュ
GB Rouge

テラ・モントーサ・ラインガウ・リースリング
Terra Montosa Rheingau Riesling

ゲオルグ・ブロイヤー・ブリュット・ヴィンテージ・ゼクト
Georg Breuer Brut Vintage Sekt

1880年から4世代を重ねる元詰め栽培農家で、辛口では国内最高評価。3代目当主の故ベルンハルト・ブロイヤー（2004年逝去）は糖度による階級の廃止、低収量化による畑の個性化、良質な辛口造りを目指すカルタ同盟の推進などして活躍。現在は娘テレーゼが運営。旗艦銘柄ベルク・シュロスベルクなどは独自規格で特長を掲げる。

ドイツ
Germany

ラインガウ

Schloss Vollrads
シュロス・フォルラーツ

主要な商品

シュロス・フォルラーツ・カビネット Schloss Vollrads Kabinett	シュロス・フォルラーツ・ゼクト・ブリュット Schloss Vollrads Sekt Brut
シュロス・フォルラーツ・シュペトレーゼ Schloss Vollrads Spätlese	

歴史的遺産とも言うべき名門で、国内で5個だけ認定されている特別単一畑のひとつを所有。983年にマインツ大司教により整備された地所を起源とし、1211年にはワインを出荷していた記録を残す。マトゥッシュガ=グライフェンクラウ伯爵家が所有してきた。当主の自殺（1997年）による資産の分散を避け、2002年に設立した財団が継承。

ラインガウ

Schloss Johannisberg
シュロス・ヨハニスベルク

主要な商品

シュロス・ヨハニスベルガー・リースリング・アウスレーゼ Schloss Johannisberger Riesling Auslese	シュロス・ヨハニスベルガー・リースリング Q.b.A. Schloss Johannisberger Riesling Q.b.A.
シュロス・ヨハニスベルガー・リースリング・シュペトレーゼ Schloss Johannisberger Riesling Spätlese	

特別単一畑の1つで、ワイン史に燦然と輝くエステート・ワイナリー。8世紀にシャルルマーニュ大帝が植樹を命じたのがはじまり。ブドウ栽培がはじめてライン川を越えた。12世紀にベネディクト派が修道院を建設してヨハニスベルクと命名。18世紀にはシュペトレーゼとアウスレーゼを考案。ウィーン会議の功績によりメッテルニッヒ侯爵家が継承。

ラインガウ

Schloss Rheinhartshausen
シュロス・ラインハルツハウゼン

主要な商品

エルバッハー・マルコブルン・リースリング・シュペトレーゼ Erbacher Marcobrunn Riesling Spätlese	ハッテンハイマー・ヴィッセルブルネン・リースリング・カビネット Hattenheimer Wisselbrunnen Riesling Kabinett
エルバッハー・シュロスベルク・リースリング・カビネット Erbacher Schlossberg Riesling Kabinett	

エルバッハ村にある名門エステートで、ジーゲルスベルクなどの銘醸畑を所有。1337年にアレンドルフ騎士家がワイン造りをはじめたのが起こり。19世紀からはプロシア王家や神聖ローマ皇帝の所有となり、その子孫に継承された。1999年に投資家グループが買収し、城館は高級ホテルに改装。特別単一畑シュロス・ライヒャルツハウゼンとは別物。

ラインガウ

Hessischen Staatsweingüter Kloster Eberbach
ヘッセン州立醸造所クロスター・エーベルバッハ

主要な商品

	シュタインベルガー・リースリング・シュペトレーゼ Steinberger Riesling Spätlese
シュタインベルガー・リースリング・アイスヴァイン Steinberger Riesling Eiswein	シュタインベルガー・リースリング・カビネット Steinberger Riesling Kabinett
シュタインベルガー・リースリング・アウスレーゼ Steinberger Riesling Auslese	シュタインベルガー・リースリング・クラシック Steinberger Riesling Classic

国内最大規模のワイナリーで、特別単一畑シュタインベルクを単独所有するなど、銘醸畑131haを抱えることで有名。1135年にシトー派が建設したエーベルバッハ修道院を母体とする。修道院ではコンクールや収穫祭、オークションなどを開催し、ワイン文化の啓蒙も行ってきた。模範ともいえる清楚で精妙なスタイルの秀逸なワインを造り続けてきた。

Germany

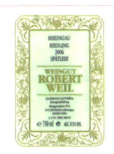

ラインガウ

Robert Weil
ロバート・ヴァイル

主要な商品	キードリッヒャー・グレーフェンベルク・リースリング・シュペトレーゼ Kiedricher Gräfenberg Riesling Spätlese
キードリッヒャー・ヴァッサーロース・リースリング・アイスワイン Kiedricher Wasseros Riesling Eiswein	キードリッヒャー・グレーフェンベルク・リースリング・エアステス・ゲヴェックス Kiedricher Gräfenberg Riesling Erstes Gewächs
キードリッヒャー・グレーフェンベルク・リースリング・アウスレーゼ Kiedricher Gräfenberg Riesling Auslese	ロバート・ヴァイル・リースリング・ゼクト・BA・エクストラ・ブリュット Robert Weil Riesling Sekt BA Extra Brut

国内最高評価を受けるエステート・ワイナリーで耕作地は90ha。1988年から日本のサントリー社が所有。1868年にソルボンヌ大学教授を辞して帰郷したロバート・ヴァイルが設立。買収後も曾孫ヴィルヘルム・ヴァイルが4代目当主として運営。旗艦銘柄グレーフェンベルクは国内屈指の単一畑で、その貴腐ワインは国内最高値を記録して話題になる。

ラインヘッセン

P.J.Valckenberg
P.J.ファルケンベルク

主要な商品	マドンナ・ラインヘッセン・シュペトレーゼ Madonna Rheinhessen Spätlese
マドンナ・リープフラウミルヒ Madonna Liebfraumilch	マドンナ・ラインヘッセン・アウスレーゼ Madonna Rheinhessen Auslese
マドンナ・ラインヘッセン・カビネット Madonna Rheinhessen Kabinett	マドンナ・モーゼル Madonna Mosel

モーゼル・ワインの代名詞とも言えるマドンナの商標を掲げる大手製造・販売会社。1786年オランダのワイン商ペーター・ジョセフ・ファルケンベルクが設立。ヴォルムス村にあるリープフラウエンスティフト醸造所を傘下に置き、リープフラウミルヒの元祖とされる聖母教会を囲む畑キルシェンシュテュックを所有することで有名。

ナーエ

Hermann Dönnhoff
ヘルマン・デーンホフ

主要な商品	デーンホフ・リースリング Q.b.A. トロッケン Dönnhoff Riesling Q.b.A. Trocken
ニーダーホイザー・ヘルマンシューレ・リースリング・アウスレーゼ Niederhäuser Hermannshohle Riesling Auslese	デーンホフ・グラウブルグンダー Q.b.A. トロッケン-S- Dönnhoff Grauburgunder Q.b.A. Trocken -S-
オーバーホイザー・ブリュッケ・リースリング・シュペートレーゼ Oberhäuser Brücke Riesling Spätlese	デーンホフ・ピノ・ヤーレガングゼクト b.A ブリュット Dönnhoff Pinot Jahregangsekt. b.A. Brut

1750年に遡ることができる老舗の元詰め栽培家で、ナーエ地域では最高評価を受ける。地所20haのうち8割はリースリングを栽培。辛口から甘口まで手掛け、いずれも国内最高水準といわれる。グローセス・ゲヴェックス（特級）に認定されている銘醸畑ヘルマンショーレなど、9銘柄の単独畑を商品化。現当主ヘルムートの祖父と父がヘルマンを名乗った。

ファルツ

Dr. Bürklin-Wolf
ドクトール・ビュルクリン・ヴォルフ

主要な商品	
ルッペルツベルガー・ライターファート・リースリング・シュペトレーゼ Ruppertsberger Reiterfad Riesling Spätlese	ピノ・ノワール Pinot Noir
ガイスブール・ルッペルツベルガー・グラン・クリュ Gaisböhl Ruppertsberg GC	リースリング・アウスレーゼ・トロッケン Riesling Auslese Trocken

個人所有としては国内最大級（耕作地85ha）のエステートで、「ファルツの3B」としてバッサーマン・ヨルダン家とブール男爵家とともに讃えられる。1994年からブルゴーニュを模範にした特級と1級からなる階級制度を独自に設け、ラベルの記載を簡素化。フォルスト村やダンデスハイム村に銘醸畑を持ち、2005年からはビオディナミ栽培に取り組む。

ドイツ
Germany

Lingenfelder
リンゲンフェルダー

主要な商品

オニキス Onyx	リースリング・トロッケン Riesling Trocken
ガニメット・シュペートブルグンダー Ganymed Spätburgunder	

ファルツ

創業1570年の13世代を重ねる老舗であるとともに、赤ワインではドイツの第一人者と讃えられる。1980年に現当主カール・リンゲンフェルダーが継承し、シュペートブルグンダーの熟成にいちはやく新樽を用いて評価を高めた。減農薬栽培を実践するとともに、人為的な醸造を避ける。近年は高級甘口よりもテーブル・ワインを主軸に置いている。

Furstlich Castell'sches
カステル侯爵家

主要な商品

シュロスベルグ・シルヴァーナ Schlossberg Silvaner	シュロス・カステル・シルヴァーナ・ブリュット・ゼクト Schloss Castel Silvaner Brut Sekt
シュロス・カステル・ドミナ Schloss Castel Domina	

フランケン

ドイツにおいてシルヴァーナを初めて栽培したことで有名なエステート。11世紀から26世代を重ねる名門で、13世紀の古地図にもカステル村として地所が記載される。1659年オーストリアからシルヴァーナを取り寄せ、ホーンアートの畑に植樹。旗艦銘柄シュロスベルクは最大斜度70度の急傾斜で、グローセス・ゲヴェックス（特級）に認定される。

Juliusspital
ユリウスシュピタール

主要な商品

	リースリング・カビネット・トロッケン Riesling Kabinett Trocken
ヴュルツブルガー・シュタイン・シルヴァーナ・グローセス・ゲヴェックス Würzburger Stein Silvaner Grosses Gewächs	シルヴァーナ Q.b.A. トロッケン Silvaner Q.b.A. Trocken
ヴュルツブルガー・シュタイン・シルヴァーナ・カビネット・トロッケン Würzburger Stein Silvaner Kabinett Trocken	ミュラートゥルガウ Q.b.A. トロッケン Müller-Thurgau Q.b.A.Trocken

フランケン

ユリウス・シュピタール財団が所有し、財団が病院や養老院も同じく運営。財団は16世紀にヴュルツブルク司教により設立された。地域の優良畑をいくつも所有しており、地所は168haに及ぶ。伝統的なシルヴァーナの辛口に加えて、貴腐に到るまでのさまざまな商品を手掛ける。とくにヴュルツブルク村の銘醸畑シュタインは高評価。

Bernhard Huber
ベルンハルト・フーバー

主要な商品

	フーバー・シュペートブルグンダー Q.b.A. トロッケン Huber Spatburgunder Q.b.A. Trocken
ヴィルデンシュタイン・R・シュペートブルグンダー Q.b.A. トロッケン Wildenstein R Spätburgunder Q.b.A. Trocken	フーバー・シャルドネ Q.b.A. トロッケン Huber Chardonnay Q.b.A. Trocken
ヘッキリンガー・シュロスベルク・シュペートブルグンダー Q.b.A. トロッケン Hecklinger Schlossberg Spätburunder Q.b.A. Trocken	フーバー・ピノ・ゼクト b.A. ブリュット Huber Pinot Sekt b.A. Brut

バーデン

ドイツにおけるピノ・ノワールの第一人者で、「ドイツの赤ワインの模範」と称せられる。元は栽培農家として組合にブドウを供給していたものの、1987年に脱退して元詰めをはじめる。13世紀のシトー派の文献からピノ・ノワールの可能性を確信。耕作地26haのうち7割を占める。シャルドネを含め、赤白いずれも新樽熟成による厚みのある風味。

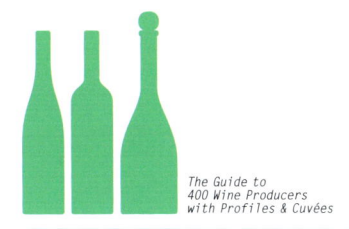

The Guide to
400 Wine Producers
with Profiles & Cuvées

その他ヨーロッパ

Other Area in Europe

欧州諸国や地中海諸国はワインの長い歴史を持ち、その起源は古代まで遡ることができる。ポルトガルのポルトやハンガリーのトカイなどのように名声を築きあげた産地はいくつかあるものの、おおよそは日常酒を手掛けてきた。近年はそのような産地でも、わずかではあるものの秀逸なワインを手掛ける生産者も登場している。国際市場からの注目を集めるに従い、外国からの投資や技術移転が行われる例も出てきている。

その他ヨーロッパ
Europe

代表的生産者

ポルトガル

Quinta do Noval　　　　　　　　　　　　　　　　　　　　　　　　　　ポルト
キンタ・ド・ノヴァル

主要な商品

ヴィンテージ・ポート
Vintage Port

コルヘイタ・オールド・トゥニー・ポート
Colheita Old Tawny Port

トゥニー・ポート
Tawny Port

最高評価を得ているポルト製造会社。設立は1715年で、1993年から保険会社アクサの傘下。20世紀はじめバスコンセロス・ポルトが河岸に段々畑を拓き、品質向上に努めた。フィロキセラに侵されていない畑ナシオナルの1931年は当時最高値を付け、「20世紀の最高傑作」と讃えられた。1954年に業界初のレイト・ボトルド・ヴィンテージを発売。

ポルトガル

Graham's　　　　　　　　　　　　　　　　　　　　　　　　　　　　　ポルト
グラハム

主要な商品

グラハム・ヴィンテージ・ポート
Graham's Vintage Port

グラハム・マルヴェドス・ヴィンテージ
Graham's Marvedos Vintage

グラハム・トゥニー
Graham's Tawny

グラハム・ファイン・ホワイト
Graham's Fine White

グラハム・ファイン・ルビー
Graham's Fine Ruby

一流ポルト8社を所有するシミントン・ファミリーの中核的ブランドで1970年に買収されている。1820年にスコットランドの貿易商ジョン・グラハムが設立。1882年にアンドリュー・ジェイムズ・シミントンが入社して事業拡大。濃密で甘みが強いタイプ。辛口タイプのダウ社、1670年設立の最古の製造会社のワレ社などグループで国内総生産量の3分の1を占める。

ポルトガル

Taylor's　　　　　　　　　　　　　　　　　　　　　　　　　　　　　ポルト
テイラーズ

主要な商品

オールド・トゥニー・ポート40年
Over 40 Years Old Tawny Port

ヴィンテージ・ポート
Vintage Port

レイト・ボトルド・ヴィンテージ・ポート
Late Bottled Vintage Port

ホワイト・ポート
White Port

ルビー・ポート
Ruby Port

ポルト・ハウスのなかでも最上位に位置付けられる名門。1692年にイギリスの貿易商ジョブ・ベアズレイが設立。いまも家族経営を維持しており、他社の傘下となったことがない。1930年代にホワイト・ポルト、1970年代にデキャンタのいらないレイト・ボトルド・ヴィンテージを開発。1994年にフォンセカ・ギマラエンス社と合併、共同管理される。

ポルトガル

Fonseca Guimaraens　　　　　　　　　　　　　　　　　　　　　　　　ポルト
フォンセカ・ギマラエンス

主要な商品

ヴィンテージ・ポート
Vintage Port

レイト・ボトルド・ヴィンテージ・ポート
Late Bottled Vintage Port

オールド・トゥニー・ポート40年
Over 40 Years Old Tawny Port

ホワイト・ポート
White Port

ルビー・ポート
Ruby Port

マノエル・ペドロ・ギマラエンスが1822年にフォンセカ・モンティロ社を買収して設立。政治家としても活躍するが、政敵に狙われてイギリスに脱出し、成功を収めた。同氏の死後、本拠地をポルトに戻し、現在も子孫が維持。優良畑を多く所有し、いまだに足でブドウを踏み潰して仕込む伝統的醸造を守り続け、力強くリッチなスタイルが好評。

Europe

ポルトガル　　　　　　　　　　　　　Sogrape　　　　　　　　　　　　　　　　　　　　　　　トラズ・オス・モンテス

ソグラペ

主要な商品

マテウス・ロゼ
Mateus Rosé

ポルトガルでは最大規模の製造会社で、旗艦銘柄マテウス・ロゼは微発泡で親しみやすく、単一銘柄としては世界最大の出荷量を記録。1942年にフェルナンド・ヴァン・グエデスが創業。ポルトとシェリーを手掛ける老舗大手サンデマン社をはじめ、ドウロやダン、ヴィニョ・ヴェルデなどを造るワイナリーなど、傘下に多数のブランドを所有。

ポルトガル　　　　　　　　　　　　　Luis Pato　　　　　　　　　　　　　　　　　　　　　　　　バイラーダ

ルイス・パト

主要な商品

ヴィーニャ・フォーマル
Vinha Formal

キンタ・ド・リベイリーニョ・プリメーラ・エスコリア
Quinta do Ribeirinho Primeira Escolha

ヴィーニャス・ヴェーリャス・ティント
Vinhas Velhas Tinto

バガ
Baga

マリア・ゴメス
Maria Gomes

1983年に化学メーカーの元技師ルイス・パトが設立し、耕作地は60ha。地場品種バガの可能性を追求し、従来のポルトガル・ワインとは一線を画す仕上がり。減農薬栽培や収量制限に加えて、台樹を用いないペ・フランコ（足のない）による栽培などを実践。独自の容量650ℓのフレンチオークの樽を熟成に用いる。

オーストリア　　　　　　　　　　　　F.X. Pichler　　　　　　　　　　　　　　　　　　　　　　ヴァッハウ

F.X. ピヒラー

主要な商品

グリューナー・フェルトリーナー M スマラクト
Gruner Veltliner "M" Smaragd

グリューナー・フェルトリーナー・ケラーベルク・スマラクト
Gruner Veltliner Kellerberg Smaragd

リースリング・ケラーベルク・スマラクト
Riesling Kellerberg Smaragd

リースリング・フォン・デン・テラッセン フェーダーシュピール
Riesling Von Den Terrassen Federspiel

グリューナー・フェルトリーナー・ウンネントリッヒ
Gruner Veltliner Unendlich

辛口白ではオーストリア最高峰と讃えられる元詰め栽培家。1900年頃に栽培をはじめ、1971年に2代目当主フランツ・クサファーが継承。できるだけ自然なワイン造りを実践しながら、品質向上に努める。耕作地11haのほとんどがグリューナー・フェルトリーナーとリースリング。旗艦銘柄は最上区画ケラーベルクのほか、良作年にのみ造るMスマラクト。

オーストリア　　　　　　　　　　　　Nikolaihof　　　　　　　　　　　　　　　　　　　　　　　ヴァッハウ

ニコライホフ

主要な商品

イム・ヴァインゲビルゲ・リースリング・シュペトレーゼ
Im Weingebirge Riesling Spätlese

ヴィノテック・グリューナー・フェルトリーナー
Vinothek Gruner Veltliner

エリザベート
Elisabeth

グリューナー・フェルトリーナー・スマラクト
Gruner Veltliner Smaragd

グリューナー・フェルトリーナー・シュタインフェーダー
Gruner Veltliner Steinfeder

国内最高評価を受ける元詰め栽培家の1つで、ビオディナミ栽培の象徴的存在。蔵は聖ニコライ修道院として5世紀に建てられた。1894年からサース家が所有。耕作地22haではグリューナー・フェルトリーナーとリースリングを植え、共生栽培を実践。大樽を用いた古典的醸造を堅持。1992年に有機栽培認証デメールを取得する。さわやかな厚みが特徴。

The Guide to 400 Wine Producers with Profiles & Cuvées

その他ヨーロッパ
Europe

プラガー
Prager — ヴァッハウ

主要な商品

リースリング・ヴァッフストゥム・ボーデンシュタイン・スマラクト
Riesling Wachstum Bodenstein Smaragd

リースリング・クラウス・スマラクト
Riesling Klaus Smaragd

グリューナー・フェルトリーナー・アフライテン・スマラクト
Grüner Veltliner Achleiten Smaragd

グリューナー・フェルトリーナー・ヒンテル・デル・ブルグ・フェダーシュピール
Grüner Veltliner Hinter der Burg Federspiel

ヴァッハウ地区の地位向上に大きな功績を残す元詰め栽培家で、耕作地は16.5ha。ミハエルボイエン修道院からの世襲証書が受け継がれており、1366年にはリッツリングなどの銘醸畑に関する記載がある。1990年にプラガー家の娘婿トニー・ボーデンシュタインが継承。先代フランツ・プラガーは1983年の地区協会設立に尽力したことで有名。

ヒードラー
Hiedler — カンプタール

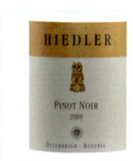

主要な商品

グリューナー・フェルトリーナー・マキシム
Grüner Veltliner Maximum

リースリング・ハイリゲンシュタイン
Riesling Heiligenstein

シャルドネ・トースティッド&アンフィルタード
Chardonnay Toasted & Unfiltered

ピノ・ノワール
Pinot Noir

シャルドネ・トロッケンベーレンアウスレーゼ
Chardonnay TBA

テロワールを大切にする元詰め栽培家で耕作地は30ha、オーストリアの赤ワインでは代表的存在。1856年から4世代を重ね、1988年から現当主ルートヴィッヒが運営。有機栽培を生態学的に理解しようと心がけ、化学薬剤の使用を一般的な有機栽培の10分の1に抑える。ピノ・ノワールはブルゴーニュの良品を思わせる、やさしい仕上がり。

ユルチッチ・ソンホーフ
Jurtschitsch Sonnhof — カンプタール

主要な商品

グリューナー・フェルトリーナー・ラム・エルステ・ラーゲ・カンプタールDACレゼルヴ
Grüner Veltliner Lamm Erste Lage Kamptal DAC Reserve

リースリング プラティン カンプタール DAC
Riesling Platin Kamptal DAC

シャルドネ・ラドナー・レゼルヴ
Chardonny Ladner Reserve

ツヴァイゲルト タンツァー レゼルヴ
Zweigelt Tanzer Reserve

メソッド ユルチッチ グリューナー・フェルトリーナー ゼクト
Méthode Jurtschitsch Grüner Veltliner Sekt

オーストリア・ワインの近代化の牽引役で、耕作地は60ha。家族経営では国内最大規模。1868年にユルチッチ家が修道院に属していたソンホーフ醸造所を買収。1972年に3兄弟が継承して無農薬栽培やステンレス発酵を導入して品質向上。辛口から発泡酒まで手掛け、安定した品質には定評がある。

クラッハー
Kracher — ノイジードラーゼ

主要な商品

ヴェルシュリースリング・トロッケンベーレンアウスレーゼ・ヌーヴェル・バーグ
Welschriesling Trockenbeerenauslese Nouvelle Vague

ショイレーベ・トロッケンベーレンアウスレーゼ・ツヴィッシェン・デン・ゼーン
Scheurebe Trockenbeerenauslese Zwischen Den Seen

トロッケンベーレンアウスレーゼ
Trockenbeerenauslese

アウスレーゼ
Auslese

貴腐ワインとしては国内最高峰と讃えられる元詰め栽培家。3世代を重ねる家系で、祖父アロイスおよび父アロイス・ジュニアによって名声が築かれた。2007年に現当主ゲルハルトが継承。1991年の貴腐ワインは国際的賞賛を獲得。ツヴァイゲルトやヴェルシュリースリングなどを手掛けるほか、複数品種を混ぜたグランド・キュヴェを造る。

ハンガリー

Szepsy Istvan
セプシ・イシュトヴァン
トカイ・ヘジャリャ

主要な商品

トカイ・キュヴェ
Tokaji Cuvée

トカイ・サモロドニ・スイート
Tokaji Szamorodni Sweet

トカイ・アスー・6プットニョス
Tokaji Aszú 6 Puttonyos

トカイ・ハーシレヴェリュ
Tokaji Hárslevelü

小規模な家族経営の元詰め栽培家で、耕作地は20haながらも、トカイの貴腐ワインでは最高峰。1631年から16世代を重ね、現当主セプシは匠として有名。1990年代は6プットニョスの甘口しか造らなかったが、近年は甘口から辛口までを幅広く手掛ける。トカイにおける貴腐ワインは1630年にセプシ・ラツコー・マーテー司教により造られたとされる。

ハンガリー

Royal Tokaji Wine Company
ロイヤル・トカイ・ワイン・カンパニー
トカイ・ヘジャリャ

主要な商品

セント・タマーシュ・第1級・アスー・6プットニョス
St Tamas 1st Growth Aszú 6 Puttonyos

エッセンシア
Essencia

アスー・6プットニョス
Aszú 6 Puttonyos

アスー・エッセンシア・リキッド・ゴールド
Aszú Essencia Liquid Gold

フルミント・ドライ・ホワイト
Furmint Dry White

評論家ヒュー・ジョンソンが地元の小規模栽培家と共同で1990年に設立した製造会社。歴史は浅いものの、貴腐ワインでは国際的賞賛を受けている。社会主義体制のもとでは原料のほぼすべてが普及品に回されていた。わずかな自家消費用のワインからトカイの潜在性を確認。かつての最上級区画の原料を調達して品質向上を図った。

ブルガリア

Bessa Valley Winery
ベッサ・ヴァレー・ワイナリー

主要な商品

エニーラ・レゼルヴァ
Enira Reserva

カベルネ・バイ・エニーラ
Cabernet by Enira

エニーラ
Enira

イージー・バイ・エニーラ
Easy by Enira

ブルガリア北東部にあり、話題のエニーラを手掛ける。カノン・ラ・ガフリエールなどの所有者として有名なステファン・フォン・ナイペルグ伯爵が2001年に設立。古くからボルドー品種が栽培されていたことに着目し、フランス品種のブレンドを行う。フリーラン・ワインのみで仕上げるぜいたくな造りに反して低価格を実現した。

ギリシャ

Kourtaki
クルタキス

主要な商品

レッチーナ・オブ・アッティカ
Retsina of Attica

クーロス・ネメア
Kouros Nemea

クーロス・パトラス
Kouros Patras

マスカット・オブ・サモス
Musucat of Samos

ギリシャで最大規模を誇る製造会社で、松脂風味のレッチーナのほか、伝統的品種を用いたスティル・ワインなどを幅広く手掛ける。1895年ヴァッシリ・クルタキスにより設立され、現在まで3世代を重ねて家族経営を維持。代表的商標クーロス（美少年）をはじめとして、数多くのブランドを展開している。

その他ヨーロッパ
Europe

イギリス

Nyetimber
ナイティンバー
西サセックス州

主要な商品

クラシック・キュヴェ
Classic Cuvée

ブラン・ド・ブラン
Blanc de Blancs

ロゼ
Rosé

イギリスにおけるスパークリング・ワインのさきがけとなるエステート・ワイナリー。1988年にアメリカ人夫妻が設立し、初ヴィンテージは1992年。現在はドイツ出身のエリック・ヘーリマが所有。シャンパーニュと同じ品種を用いて瓶内二次発酵で仕上げ、3年以上の瓶熟成を経て出荷。エリザベス女王戴冠60周年で供されるなど高評価を得ている。

イギリス

Ridgeview
リッジヴュー
東サセックス州

主要な商品

グロヴナー
Grosvenor

ブルームスベリー
Bloomsbury

カヴェンディッシュ
Cavendish

ヴィクトリア
Victoria

フィッツロヴィア
Fitzrovia

ナイティンバーとともにイギリスにおけるスパークリング・ワインでは最高評価を得る。1994年マイク・ロバーツが設立し、初ヴィンテージ1996年。シャンパーニュと同じ品種を用い、瓶内二次発酵で仕上げる。ドン・ペリニヨンより30年前に製造技術を考案したといわれるイギリス人クリストファー・メレットを讃えて、ワイン・クラブにその名前に掲げる。

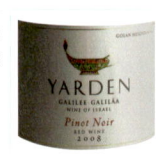

イスラエル

Golan Heights Winery
ゴラン・ハイツ・ワイナリー

主要な商品

ヤルデン・シャルドネ
Yarden Chardonnay

ヤルデン・ヴィオニエ
Yarden Viognier

ヤルデン・カベルネ・ソーヴィニヨン
Yarden Cabernet Sauvignon

マウント・ハーモン・レッド
Mount Hermon Red

マウント・ハーモン・ホワイト
Mount Hermon White

イスラエルの代表的銘柄ヤルデンを手掛ける製造会社。第二次世界大戦後、ラフィット・ロートシルトのエドモンド男爵による帰還支援の一環としてワイン造りが奨励。ゴラン高原が栽培に向くことが分かり、1984年に共同出資により設立。標高1200mの高地に耕作地600haの畑を設け、最新技術により高品質なワインが造られている。

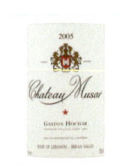

レバノン

Ch. Musar
シャトー・ミュザール

主要な商品

シャトー・ミュザール・レッド
Château Musar Red

シャトー・ミュザール・ロゼ
Château Musar Rosé

シャトー・ミュザール・ホワイト
Château Musar White

ホシャール・ペール・エ・フィス・レッド
Hochard Père et Fils Red

地中海諸国の最高峰と讃えられる。耕作地は180ha。1930年にボルドーでワイン造りを学んだガストン・オシャールが設立。ベッカー渓谷の標高1000mの高地を拓き、カベルネ・ソーヴィニヨンなどを栽培。当時、フランス領だったことから技術が移植された。現当主セルジュも名匠として有名で、高品質で優美なワインに仕上げる。

The Guide to
400 Wine Producers
with Profiles & Cuvées

アメリカ

America

カリフォルニアをはじめ、いまやアメリカは世界屈指の銘醸地として讃えられている。20世紀なかばまではカリフォルニア内陸部において、大工場や零細農家で日常酒が造られるばかりだった。規模をある程度に抑えて品質を追求したブティック・ワイナリーがナパ・ヴァレーに登場してから、国際的評価が向上していく。近年はガレージ・ワインやカルト・ワインと呼ばれるような、きわめて少量しか生産しないものも登場している。

America
アメリカ

カリフォルニア

E&J Gallo　　　　　　　　　　　　　　　　　　　　　　　　　ソノマ
E&Jガロ

主要な商品

ガロ・ファミリー・ヴィンヤード・ソノマ・カベルネ・ソーヴィニヨン Gallo Family Vineyard Sonoma Cabernet Sauvignon	カルロ・ロッシ・ホワイト・ジンファンデル Carlo Rossi White Zinfandel
ガロ・ファミリー・ヴィンヤード・ターニング・リーフ・シャルドネ Gallo Familly Vineyard Turning Leaf Chardonnay	リバークレスト・ホワイト Rivercrest White

家族経営の製造会社としては世界最大規模を誇る。1933年にアーネストとジュリオのガロ兄弟が禁酒法廃止に伴い設立。1990年代まではバルク市場を主な対象としていたものの、近年の高級酒人気を受けて、品種名や畑名を掲げた上級商品の充実を図る。州内各地区の契約農家から原料を求めるほか、2500haを抱えるソノマ地区最大の栽培家でもある。

カリフォルニア

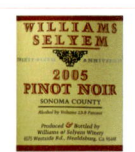

Williams Selyem　　　　　　　　　　　　　　　　　　　　　　ソノマ
ウィリアムズ・セリエム

主要な商品

	セントラル・コースト・ピノ・ノワール Central Coast Pinot Noir
ロキオリ・リバーブロック・ヴィンヤード・ピノ・ノワール Rochioli Riverblock Vineyard Pinot Noir	アレン・ヴィンヤード・シャルドネ Allen Vineyard Chardonnay
ウエストサイド・ロード・ネイバーズ・ピノ・ノワール Westside Road Neighbors Pinot Noir	ハインツ・ヴィンヤード・シャルドネ Heintz Vineyard Chardonnay

いちはやく小規模・単一畑・高品質を打ち出したワイナリーで、ガレージ・ワインの元祖とも呼ばれる。1979年に幼馴染のふたりエド・セリエムとバート・ウィリアムズが趣味ではじめた。ロキオリ家の畑から供給されたピノ・ノワールがアメリカ最高峰と評価され、ロシアン川流域の可能性を世界に知らしめた。1998年からダイソン家が継承している。

カリフォルニア

Kistler　　　　　　　　　　　　　　　　　　　　　　　　　　　ソノマ
キスラー

主要な商品

	シャルドネ・レ・ノワゼッティエール Chardonnay les Noisetiers
シャルドネ・キスラー・ヴィンヤード・ソノマ・ヴァレー Chardonnay Kistler Vineyard Sonoma Valley	シャルドネ・キュヴェ・キャスリーン・ソノマ・カウンティ Chardonnay Cuvée Cathleen Sonoma County
シャルドネ・ハイド・ヴィンヤード・カーネロス Chardonnay Hyde Vineyard Carneros	ピノ・ノワール・キャンプ・ミーティング・リッジ Pinot Noir Camp Meeting Ridge

シャルドネでは新世界の最高峰と讃えられる。1978年にスティーヴ・キスラーがロシアン・リヴァー・ヴァレーで設立した小規模ワイナリー。小樽発酵や無濾過・無清澄などにより、濃密かつ豪華なスタイルを打ち立てた。ブルゴーニュのように畑の個性を打ち出し、11銘柄を手掛ける。2008年に契約農家のひとりに株式の一部を売却。

カリフォルニア

Kendall Jackson　　　　　　　　　　　　　　　　　　　　　　ソノマ
ケンダル・ジャクソン

主要な商品

	ヴィントナーズ・リザーヴ・シャルドネ Vintner's Reserve Chardonnay
ハイランド・エステート・ホークアイ・マウンテン・カベルネ・ソーヴィニヨン Highland Estate Hawkeye Mountain Cabernet Sauvignon	ヴィントナーズ・リザーヴ・メルロ Vintner's Reserve Merlot
グランド・リザーヴ・カベルネ・ソーヴィニヨン Grand Reserve Cabernet Sauvignon	コラージュ・セミヨン・シャルドネ Collage Sémillon-Chardonnay

アメリカ屈指の巨大製造会社で、高い技術力により品質面でも定評がある。1982年に弁護士ジェス・ジャクソンが設立。1983年産のシャルドネが全米ワイン・コンペディションでプラチナ賞を獲得して以降、全米で白ワインの売上首位を守る。沿岸地方に広大な所有地4200haから生まれるエステート・シリーズのほか、調達原料から普及品も手掛ける。

America

カリフォルニア

Buena Vista Winery　　　　　　　　　　　　　　　　　　　　　　　　　　　　ソノマ
ブエナ・ヴィスタ・ワイナリー

主要な商品	エステイト・ヴィンヤード・シリーズ・ピノ・ノワール EVS Pinot Noir
エステイト・ヴィンヤード・シリーズ・シャルドネ EVS Chardonnay	カーネロス・ピノ・ノワール Carneros Pinot Noir
カーネロス・シャルドネ Carneros Chardonnay	カーネロス・カベルネ・ソーヴィニヨン Carneros Cabernet Sauvignon

カリフォルニアのプレミアム・ワイナリーのなかでは現存するもので最古といわれている。1857年にアゴストン・ハラツィがソノマで設立。ヨーロッパから数百種の苗木を持ち込み、商業生産の基礎を作ったことから、「カリフォルニアワインの父」と呼ばれた。2011年にブルゴーニュ最大のコングロマリットであるボワゼ・グループの傘下となった。

カリフォルニア

Marcassin　　　　　　　　　　　　　　　　　　　　　　　　　　　　　　　　　　ソノマ
マーカッシン

主要な商品	
シャルドネ・マーカッシン・ヴィンヤード Chardonnay Marcassin Vineyard	シャルドネ・アレクサンダー・マウンテン・アッパー・バーン Chardonnay Alexander Mountain Upper Barn
シャルドネ・ハドソン・ヴィンヤード Chardonnay Hudson Vineyard	ピノ・ノワール・マーカッシン・ヴィンヤード Pinot Noir Marcassin Vineyard

「カルト・ワインの女神」と呼ばれる醸造家ヘレン・ターリーが所有する小規模なワイナリー。シャルドネとピノ・ノワールの畑名商品に特化しており、品薄かつ高評のため高値。収量制限や自然発酵、無清澄・無濾過による肉厚で豪華なスタイル。1985年に夫妻が設立。1990年から契約農家の原料でワインを造り、1995年から自社畑が加わる。

カリフォルニア

Ravenswood　　　　　　　　　　　　　　　　　　　　　　　　　　　　　　　　ソノマ
レーヴェンズウッド

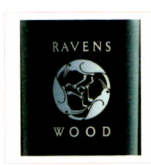

主要な商品	ソノマ・カウンティ・オールド・ヴァイン・ジンファンデル Sonoma County Old Vine Zinfandel
アイコン・ミクスド・ブラック Icon Mixed Blacks	ヴィントナーズ・ブレンド・シラーズ Vintners Blend Shiraz
ディッカーソン・ジンファンデル Dickerson Zinfandel	ヴィントナーズ・ブレンド・シャルドネ Vintners Blend Chardonnay

アメリカにおけるジンファンデルの指標的存在で、リッジとローゼンブルムとともに「3R」と讃えられる。灌漑を施さないドライ・ファームの古樹に注目し、低収量原料から深みのあるワインを造る。1976年に醸造家ジョエル・ピーターソンと実業家リード・フォスターにより設立。2001年から業界大手コンステレーション・ブランズ社の傘下に。

カリフォルニア

Araujo　　　　　　　　　　　　　　　　　　　　　　　　　　　　　　　　　　　ナパ
アロウホ

主要な商品	シラー Syrah
カベルネ・ソーヴィニヨン Cabernet Sauvignon	ソーヴィニヨン・ブラン Sauvignon Blanc
アルタグラシア Altagracia	ヴィオニエ Viognier

元祖カルト・ワインの1つで、国内最高評価を受ける。1990年にバート・アロウホがカリストガ地区の銘醸畑アイズルを購入して設立。カリフォルニアで初めて畑名を掲げるなど、1970年代から名声が高い。5大シャトーの1つであるラトゥールを傘下に置くアルテミス（創業者・前会長フランソワ・ピノ）が2013年に買収した。

The Guide to 400 Wine Producers with Profiles & Cuvées **87**

アメリカ
America

カリフォルニア | Abreu | ナパ
エイブリュー

主要な商品

マドローナ・ランチ
Madrona Ranch

「妥協を知らない」とされる栽培家デイヴィット・エイブリューが所有する畑で造る自社ブランドで1980年設立。耕作地20haのなかでも旗艦銘柄マドローナ・ランチ（セント・ヘレナ地区）はアメリカ屈指の銘醸畑。スクリーミング・イーグルやパルメイヤーなどカルト・ワインに原料を供給。現代的ながらもミネラル感を持った引き締まったスタイル。

カリフォルニア | Opus One | ナパ
オーパス・ワン

主要な商品

オーパス・ワン
Opus One

オヴァチュア
Overture

ロバート・モンダヴィ社とバロン・フィリップ・ド・ロートシルト社により1979年に設立されたワイナリー。ワイン名の「作品番号1番」は、故フィリップ男爵が「ワインは交響曲」と喩えたことに因む。芳醇で深みがあり、カリフォルニア・プレミアムの模範的存在。現在、共同経営権はモンタヴィからコンステレーション・ブランズ社が引き継ぐ。

カリフォルニア | Grgich Hills Estate | ナパ
ガーギッチ・ヒルズ・エステート

主要な商品

カーネロス・セレクション・シャルドネ
Carneros Selection Chardonnay

シャルドネ・ナパ・ヴァレー
Chardonnay Napa Valley

パリ・テイスティング・シャルドネ
Paris Tasting Chardonnay

ナパ・ヴァレー・エセンス・フュメ・ブラン
Napa Valley Essence Fumé Blanc

ヨントヴィル・セレクション・カベルネ・ソーヴィニヨン
Yountville Selection Cabernet Sauvignon

カリフォルニアの銘酒をいくつも造りあげた伝説的な醸造家マイク・ガーギッチが1977年に設立。1976年のパリ対決におけるシャルドネ部門を制したシャトー・モンテレーナを手掛けたことはあまりにも有名。2003年からは原料を自家調達に転換。ビオディナミ栽培を実践し、2006年からは太陽光発電でワイナリーを運営。

カリフォルニア | Grace Family | ナパ
グレイス・ファミリー

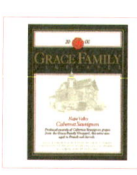

主要な商品

グレイス・ファミリー
Grace Family

スクリーミング・イーグルとブライアント・ファミリーとともに「キング・オブ・カルト」と呼ばれる。1982年に元証券マンのリチャード・グレイスが設立した小規模ワイナリー。以前はケイマス・ヴィンヤードで間借りして造り、ケイマス「グレイス・ファミリー」として販売。カベルネ・ソーヴィニヨン100%の濃密で現代的なスタイルが話題になる。

America

カリフォルニア

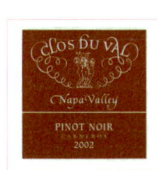

Clos du Val　　　　　　　　　　　　　　　　　　　　　　　　ナパ

クロ・デュ・ヴァル

主要な商品	エステイト・アリアドネ Estate Ariadne
リザーヴ・ナパ・ヴァレー・カベルネ・ソーヴィニヨン Reserve Napa Valley Cabernet Sauvignon	クラシック・シャルドネ Classic Chardonnay
エステイト・ピノ・ノワール Estate Pinot Noir	クラシック・ジンファンデル Classic Zinfandel

1972年に実業家ジョン・ゴレがボルドー出身の醸造家ベルナール・ポーテとともに設立。ナパの豊かな果実味と欧州の伝統的手法の融合を掲げる。たびたび開催されるパリ対決のリターン・マッチでは1986年に1位に輝き、注目を集める。落ちついた充実感を持つ古典的なナパ・スタイル。近年、旗艦銘柄にスタッグス・リープ・ディストリクトを発売。

カリフォルニア

Caymus Vineyards　　　　　　　　　　　　　　　　　　　　　　ナパ

ケイマス・ヴィンヤーズ

主要な商品	メール・ソレイユ・シャルドネ・リザーヴ Mer Soleil Chardonnay Reserve
スペシャル・セレクション・カベルネ・ソーヴィニヨン Special Selection Cabernet Sauvignon	ベレ・クロス・ピノ・ノワール・クラーク&テレフォン・ヴィンヤード Belle Glos Pinot Noir Clark & Telephone Vineyard
ナパ・ヴァレー・カベルネ・ソーヴィニヨン Napa Valley Cabernet Sauvignon	コナンドラム・カリフォルニア・ホワイト・ワイン Conundrum California White Wine

ナパにおけるカベルネ・ソーヴィニヨンの躍進を牽引したワイナリー。1972年にチャック・ワグナーとその両親が設立。わずかな畑と納屋同然ではじまったものの、現在は年間6万5000ケースまで拡大。2銘柄のみを手掛け、スペシャル・セレクションは国内最高評価。ワグナー家は秀逸で個性的な白のコナンドラム（モントレー地区）など8軒を所有。

カリフォルニア

Kenzo Estate　　　　　　　　　　　　　　　　　　　　　　　ナパ

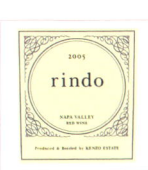

ケンゾー・エステイト

主要な商品	
藍 Ai	紫鈴 Rindo
紫 Murasaki	あさつゆ Asatsuyu

ゲーム製造大手カプコンの創業者、辻本憲三が所有するエステート・ワイナリー。アメリカ最高を目指し、土地改良から行ったプロジェクトは圧巻。1990年に土地を購入、2005年に初ヴィンテージ。最強タッグと呼ばれる栽培家デイヴィット・エイブリューと醸造家ハイジ・バレットがコンサルティング。ボルドー品種から芳醇で深みのあるスタイルを造る。

カリフォルニア

Shafer Vineyards　　　　　　　　　　　　　　　　　　　　　　ナパ

シェーファー・ヴィンヤーズ

主要な商品	メルロ・ナパ・ヴァレー Merlot Napa Valley
ヒルサイド・セレクト・カベルネ・ソーヴィニヨン Hillside Select Cabernet Sauvignon	リレントレス・ナパ・ヴァレー・シラー Relentless Napa Valley Syrah
ワン・ポイント・ファイヴ・カベルネ・ソーヴィニヨン One Point Five Cabernet Sauvignon	レッド・ショルダー・ランチ・シャルドネ Red Schoulder Ranch Chardonnay

アメリカ屈指の評価を得ているエステート・ワイナリーで、出版業界から転身したジョン・シェーファーが1972年に設立。当時、まだ注目されていなかった丘陵地スタッグス・リープをいちはやく開墾。息子ダグが旗艦銘柄ヒルサイド・セレクトとして1983年から商品化。濃密で力強い現代的なスタイルが賞賛される。

アメリカ
America

シネ・クァ・ノン
Sine Qua Non — ナパ

主要な商品

カリフォルニア・ホワイト・ワイン・ザ・モンキー California White Wine The Monkey	カリフォルニア・シラー・ザ・スリル・オブ・スタンプ・コレクティング California Syrah the Thrill of Stamp Collecting
カリフォルニア・グルナッシュ・ロゼ・パッキン・ロージー California Grenache Rosé Packin' Rosy	カリフォルニア・グルナッシュ・アップサイド・ダウン California Grenache Upside Down
	カリフォルニア・シラーB20 California Syrah B20

南仏ローヌ品種を手掛ける小規模ワイナリーで、1994年にオーストラリア出身のマンフレッド・クランクルが「唯一無二」の屋号を掲げて設立。毎年、ワインにより商品名やボトル、ラベルを変更。年間わずか3000ケースながらも、多数の銘柄を手掛ける。一部の評論家から最高評価を与えられたことから、投機的な高値で取り引きされる。

シャトー・モンテレーナ
Ch. Montelena — ナパ

主要な商品

カベルネ・ソーヴィニヨン・エステイト Cabernet Sauvignon Estate	シャルドネ・ナパ・ヴァレー Chardonnay Napa Valley
カベルネ・ソーヴィニヨン・ナパ・ヴァレー Cabernet Sauvignon Napa Valley	

1976年のパリ対決、シャルドネ部門で優勝したエステート・ワイナリー。MLFを回避して引き締まったスタイルは個性的。壮麗な城館の老舗で1882年に設立しながらも、禁酒法以降は荒廃、1972年にジム・バレット（2013年逝去）が購入して復興を遂げる。その物語は『ボトル・ショック』として映画化された。2008年にコス・デストゥルネルが買収。

ジョセフ・フェルプス・ヴィンヤーズ
Joseph Phelps Vineyards — ナパ

主要な商品

インシグニア Insignia	シャルドネ・フリーストーン・ヴィンヤード Chardonnay Freestone Vineyard
	ピノ・ノワール・フリーストーン・ヴィンヤード Pinot Noir Freestone Vineyard
カベルネ・ソーヴィニヨン・ナパ・ヴァレー Cabernet Sauvignon Napa Valley	ソーヴィニヨン・ブラン・ナパ・ヴァレー Sauvignon Blanc Napa Valley

アメリカ屈指の高評価を獲得し、国内初のボルドー・ブレンドといわれるインシグニア（1978年）を手掛けたことで有名。1972年ジョセフ・フェルプスがナパ北部スプリング・ヴァレーに243haを開墾。近年はカーネロスやモントレーなどにも拡張。国内評価誌で常にトップ級の評価を獲得しており、高値で取り引きされている。

スクリーミング・イーグル
Screaming Eagle — ナパ

主要な商品

スクリーミング・イーグル Screaming Eagle

カルト・ワインの最高峰として君臨し、天文学的な国内最高値で取り引きされるワイン。1986年に不動産仲介業ジーン・フィリップがオークヴィルに小区画を買ったのがはじまりで、1992年が初ヴィンテージ。年産500〜800ケースで、メーリング・リストで販売。豊潤で絹のようななめらかさ。2006年に実業家スタンリー・クロンクとシャルル・バンクスが買収。

スケアクロウ
Scarecrow ナパ

カリフォルニア

主要な商品

カベルネ・ソーヴィニヨン・ラザフォード・スケアクロウ
Cabernet Sauvignon Rutherford Scarecrow

カベルネ・ソーヴィニヨン・ラザフォード・ムッシュ・エタン
Cabernet Sauvignon Rutherford M. Étain

2011年プルミエ・ナパ・ヴァレー・オークションで史上最高値12万5000ドル（60本）を付けたガレージ・ワイン。初ヴィンテージは2003年。映画会社MGMの元重役ジョセフ・ジャドソン・コーンが残したラザフォードにある1945年植樹の畑を孫ブレット・ロペスが相続。醸造家セリア・ウェルチ＝マチュスキが現代的で優美なワインに仕上げる。

スタッグス・リープ・ワイン・セラーズ
Stag's Leap Wine Cellars ナパ

カリフォルニア

主要な商品

カスク23
Cask 23

S.L.V. カベルネ・ソーヴィニヨン
S.L.V. Cabernet Sauvignon

フェイ・カベルネ・ソーヴィニヨン
FAY Cabernet Sauvignon

アルテミス
Artemis

1976年のパリ対決、カベルネ・ソーヴィニヨン部門で優勝。1970年にウォーレン・ウニィアスキーが開墾し、1972年が初生産。芳醇で深みがあり、端正な造り。1973年産はパリ対決の優勝を記念して、白部門優勝のモンテレーナとともに、スミソニアン博物館に収蔵。2007年にシャトー・サン・ミッシェルとアンティノリが共同買収。

セインツベリー・ヴィンヤード
Saintsbury Vineyard ナパ

カリフォルニア

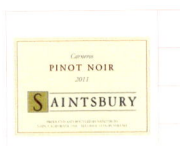

主要な商品

ピノ・ノワール・ブラウン・ランチ
Pinot Noir Brown Ranch

シャルドネ・ブラウン・ランチ
Chardonnay Brown Ranch

ピノ・ノワール・カーネロス
Pinot Noir Carneros

シャルドネ・カーネロス
Chardonnay Carneros

ガーネット・ピノ・ノワール
Garnet Pinot Noir

カリフォルニアにおけるピノ・ノワールの先駆者として知られるワイナリー。UCデイヴィス校で同級だったデイヴィッド・クレーヴスとディック・ワードが1981年に設立。ナパ臨海部カーネロスの冷涼気候にいちはやく注目。さまざまなクローンを用いて、アメリカではじめての深みのあるピノ・ノワールとして話題となる。

ダラ・ヴァレ・ヴィンヤード
Dalla Valle Vineyard ナパ

カリフォルニア

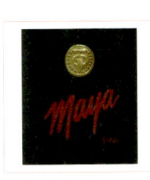

主要な商品

マヤ
Maya

カベルネ・ソーヴィニヨン
Cabernet Sauvignon

ピエトレ・ロッセ
Pietre Rosse

1986年にギュスタフ・ダラ・ヴァレ（1995年逝去）がオークヴィルに設立したエステート・ワイナリー（1986年初生産）。ダイビング用具スキューバプロの創業者でもある。娘マヤの名前を掲げた畑から造った旗艦銘柄はカルト・ワインのなかでも最高評価。芦屋出身のナオコ夫人が創業者の意志を継いで運営。濃密で現代的なスタイルが人気。

アメリカ
America

カリフォルニア

Dominus Estate　　　　　　　　　　　　　　　　　　　　　　　　　　ナパ
ドミナス・エステイト

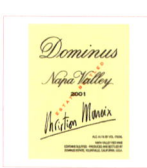

主な商品
ドミナス Dominus
ナパヌック Napanook

ボルドー右岸の雄クリスチャン・ムエックスが所有するエステート・ワイナリー。カベルネ・ソーヴィニヨン主体のブレンドは芳醇で優美な国内最高評価。ナパ最古の畑ナパヌックで継承者と1982年に共同設立し、翌年から生産し、1995年には単独所有に。親しみやすい廉価版のコンセプト・ワインとして1996年にナパヌックを発売。

カリフォルニア

Harlan Estate　　　　　　　　　　　　　　　　　　　　　　　　　　　ナパ
ハーラン・エステイト

主な商品	ボンド・メルベリー Bond Melbury
ハーラン Harlan	プルリバース Pluribus
ザ・メイデン The Maiden	ボンド・ヴェッシーナ Bond Vecina

カルト・ワインの代名詞として国内最高評価を獲得。不動産業ウィリアム・ハーランが1984年に設立。1990年に初生産（1987年から試作）。オークヴィルの西にある丘陵を開墾し（地所100haのうち畑17ha）、最新技術を用いて濃密でなめらかなワインを造る。ボルドー1級に匹敵するエステート・スタイル。畑の個性を表現したボンド・シリーズも高評。

カリフォルニア

Franciscan Estate　　　　　　　　　　　　　　　　　　　　　　　　　　ナパ
フランシスカン・エステイト

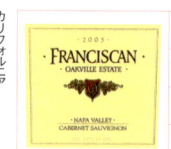

主な商品	
マグニフィカ・メリテージ Magnificat Meritage	シャルドネ Chardonnay
メルロ Merlot	

ボルドー・スタイルのメリテージ・ワインの先駆者であり、近年は安定性と値頃感から飲食業界で評価が高い。ナパ・ヴァレーの核心部オークヴィルに地所を構え、一部の区画は分割されて高級酒シルヴァー・オークとして躍進。1972年創業から所有者が頻繁に入れ替わっており、2003年に業界最大手コンステレーション・ブランズ社の傘下に入った。

カリフォルニア

Beringer　　　　　　　　　　　　　　　　　　　　　　　　　　　　　　ナパ
ベリンジャー

主な商品	クリア・レイク・ジンファンデル Clear Lake Zinfandel
プライベート・リザーヴ・カベルネ・ソーヴィニヨン Private Reserve Cabernet Sauvignon	ストーンセラーズ・カベルネ・ソーヴィニヨン Stone Sellars Cabernet Sauvignon
ファウンダース・エステイト・シャルドネ Founders Estate Chardonnay	ホワイト・ジンファンデル White Zinfandel

20世紀後半のカリフォルニア躍進期に注目を集めたワイナリー。1876年にジェイコブとフレデリックのベリンジャー兄弟が設立。現在は4000haを超え、年産800万本という巨大企業に成長。2000年にフォスター・グループの中核企業ミルダラ・ブラス社（オーストラリア）が買収し、その傘下となる。普及品ブランドとしてストーン・セラーズを展開。

92

America

Inglenook / イングルヌック
ナパ

カリフォルニア

主要な商品	フランシス・コッポラ・ダイヤモンド・コレクション・クラレット・カリフォルニア Francis Coppola Diamond Collection Claret California
ルビコン Rubicon	フランシス・コッポラ・ダイヤモンド・コレクション・シャルドネ・モントレー Francis Coppola Diamond Collection Chardonnay Monterey
カスク・カベルネ Cask Cabernet	フランシス・コッポラ・ソフィア・ブラン・ド・ブラン・モントレー Francis Coppola Sofia Blanc de Blancs Monterey

映画監督フランシス・フォード・コッポラが1975年に設立したニーバム・コッポラが前身。邸宅や畑は1880年にグスタフ・ニーバムが設立した名門イングルヌックのもの。2006年フランシス・フォード・コッポラ社を分社化するとともに、ルビコン・エステートに改名して高級商品群だけを継承。2011年に念願の商標権を買い取り、現社名となった。

Robert Mondavi / ロバート・モンダヴィ
ナパ

カリフォルニア

主要な商品	ナパ・ヴァレー・シャルドネ Napa Valley Chardonnay
ナパ・ヴァレー・カベルネ・ソーヴィニヨン・リザーヴ Napa Valley Cabernet Sauvignon Reserve	プライベート・セレクション・ジンファンデル Private Selection Zinfandel
オークヴィル・カベルネ・ソーヴィニヨン Oakville Cabernet Sauvignon	ウッドブリッジ・ロゼ Woodbridge Rosé

20世紀後半のカリフォルニア躍進における象徴的存在。1966年にロバート・モンダヴィ（2008年逝去）が設立。世界市場を意識した品質向上と販売戦略を構築して大成功。ムートン・ロートシルトと設立したオーパス・ワンなど、他社との共同事業に意欲的だった。2004年に世界最大規模を誇るコンステレーション・ブランズ社が1300億円で買収した。

Fetzer / フェッツァー
カリフォルニア／メンドシーノ

主要な商品	ボンテッラ・シャルドネ Bonterra Chardonnay
ボンテッラ・マクナブ・ランチ Bonterra McNab Ranch	バレル・セレクト・カベルネ・ソーヴィニヨン Barrel Select Cabernet Sauvignon
ボンテッラ・カベルネ・ソーヴィニヨン Bonterra Cabernet Sauvignon	ベル・アーバー・シャルドネ Bel Arbor Chardonnay

1968年バーネイ・フェッツァーにより設立されたワイナリーで、ボン・テラ（良い土地）のブランドを展開。1987年から有機栽培を実践しており、その先駆者としても有名。耕作地1,000haのうち850haで有機認証を得ており、契約農家にも推奨している。現在はジャック・ダニエルで有名なバーボン製造大手のブラウン・フォーマン社の傘下にある。

Ridge Vineyards / リッジ・ヴィンヤーズ
サンタ・クララ

カリフォルニア

主要な商品	ガイザーヴィル・ジンファンデル Geyserville Zinfandel
モンテベッロ・カベルネ・ソーヴィニヨン Monte Bello Cabernet Sauvignon	パガーニ・ランチ・ジンファンデル Pagani Ranch Zinfandel
サンタクルーズ・マウンテンズ・エステイト・シャルドネ Santa Cruz Mountains Estate Chardonnay	リットン・スプリングス・ジンファンデル Litton Springs Zinfandel

2006年に開催されたパリ対決の30周年記念テイスティングの古酒部門で優勝。1885年に医師オセア・ペローネがモンテ・ベッロの土地を購入したのが起源。禁酒法を経て閉鎖されるものの、1950年代に再開。1969年にポール・ドレーパーが共同経営者となって高品質化を遂げる。1986年に大塚製薬が買収するも、運営はそのまま。

The Guide to 400 Wine Producers with Profiles & Cuvées 93

アメリカ America

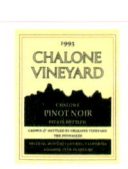

シャローン・ヴィンヤード
Chalone Vineyard — モントレー

主要な商品	エステイト・シュナン・ブラン Estate Chenin Blanc
エステイト・シャルドネ Estate Chardonnay	エステイト・ピノ・ノワール Estate Pinot Noir
エステイト・ピノ・ブラン Estate Pinot Blanc	エステイト・シラー Estate Syrah

長年、カリフォルニアにおけるシャルドネの最高峰と讃えられてきた。1919年に植樹された畑を前身に、1964年にディック・グラフが購入して拡張。1989年にドメーヌ・バロン・ロートシルト（ラフィット・ロートシルト）と資本提携。ナパのカーネロス地区でブルゴーニュ品種を手掛けるアケイシアなどを傘下に置く。

ピゾーニ・ヴィンヤーズ＆ワイナリー
Pisoni Vineyards & Winery — モントレー

主要な商品	供給先:ピーター・マイケル Peter Michael
ピゾーニ・ピノノワール・エステイト・サンタ・ルチア・ハイランズ Pisoni Pinot Noir Estate Santa Lucia Highlands	供給先:フラワーズ Flowers
供給先:タリウス Tarius	供給先:パッツ＆ホール Patz&Hall

ピノ・ノワールでは国内最高の畑と讃えられ、限られたワイナリーにのみ原料を供給する栽培家。そのワインは高値で取り引きされる。モントレー内陸のサンタ・ルチア・ハイランドは昼夜較差の大きく、高品質なブドウを栽培。1974年に当主ゲイリー・ピゾーニがラ・ターシュの分枝を密輸して植樹したといわれる。息子たちがわずかに元詰めも行う。

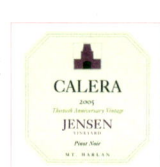

カレラ
Calera — サン・ベニート

主要な商品	ピノ・ノワール・キュヴェ・マウント・ハーラン Pinot Noir Cuvée Mt. Harlan
ピノ・ノワール・ジェンセン Pinot Noir Jensen	シャルドネ・マウント・ハーラン Chardonnay Mt. Harlan
ピノ・ノワール・ミルズ Pinot Noir Mills	ヴィオニエ・マウント・ハーラン Viognie Mt. Harlan

新世界のピノ・ノワールでは最高評価を得ており、「カリフォルニアのロマネ＝コンティ」とも呼ばれる。ブルゴーニュでの修行後、ジョシュ・ジェンセンが1974年モントレー湾近くの丘陵地に設立。その際にロマネ＝コンティの分枝を持ち帰り、植樹したといわれる。テロワールを表現するため、旗艦銘柄ジェンセンをはじめとする畑名商品などを展開。

オー・ボン・クリマ
Au Bon Climat — サンタ・バーバラ

主要な商品	ピノ・ノワール・サンタ・マリア・ヴァレー・ノックス・アレキサンダー Pinot Noir Santa Maria Valley Knox Alexander
ピノ・ノワール・イザベル Pinot Noir Isabelle	シャルドネ・ミッション・ラベル Chardonnay Mission Label
ピノ・ノワール サンタ・バーバラ・カウンティ Pinot Noir Santa Barbara County	シャルドネ "ニュイ・ブランシュ・オー・ボージュ" Chardonnay "Nuits-Blanches au Bouge"

ブルゴーニュ品種ではカレラとともに州内最高評価を得てきたワイナリー。1982年にジム・クレンデネンがセントラル・コースト南部に設立。「怪人」と呼ばれる巨漢ながらも、アンリ・ジャイエのもとで修業し、比較的に繊細なワインを目指してきた。銘醸畑ビエン・ナシッドから原料を供給されてきたほか、自社畑40haでは有機栽培を実践。

America

キュペ
Qupe　　　　　　　　　　　　　　　　　　　　　　　サンタ・バーバラ

主要な商品

	プロプライアタリー・ホワイト・ビエン・ナシド・キュヴェ・サンタ・マリア・ヴァレー Proprietary White Bien Nacido Cuvée Santa Maria Valley
シラー・ソウヤー・リンドキスト・ヴィンヤード・エドナ・ヴァレー Syrah Sawer Lindquist Vineyard Edona Valley	シャルドネ・ビエン・ナシド・ヴィンヤード・ワイ・ブロック・サンタ・マリア・ヴァレー Chardonnay Bien Nacido Vineyard Y-Block Santa Maria Valley
シラー・ビエン・ナシド・ヴィンヤード・サンタ・マリア・ヴァレー Syrah Bien Nacido Vineyard Santa Maria Valley	ルーサンヌ・ビエン・ナシド・ヴィンヤード・サンタ・マリア・ヴァレー Roussanne Bien Nacido Vineyard Santa Maria Valley

カリフォルニアにおける南仏ローヌ品種の先駆者として知られるワイナリー。1982年にボブ・リンドキストが設立。1989年には旧知のジム・クレンデネン（オー・ボン・クリマ）と共同醸造所を建設。サンタ・バーバラ郡の銘醸畑ビエン・ナシッドから原料を調達するほか、近年は自社畑を拡張しており、ビオディナミ栽培を実践している。

スター・レーン・ヴィンヤード
Star Lane Vineyard　　　　　　　　　　　　　　　　　　サンタ・バーバラ

主要な商品

ソーヴィニヨン・ブラン・ハッピー・キャニオン・オブ・サンタ・バーバラ Sauvignon Blanc Happy Canyon of Santa Barbara	シラー・サンタ・イネズ・ヴァレー Syrah Santa Ynez Valley
シャルドネ・サンタ・マリア・ヴァレー Chardonnay Santa Maria Valley	ピノ・ノワール・サンタ・リタ・ヒルズ Pinot Noir Santa Rita Hills

歴史は浅いものの、高品質と値頃感からアメリカ屈指の注目銘柄に躍進したエステート・ワイナリー。1996年に銀行家ジム・ディアバーグが当時、未開地だったサンタ・イネズに広大な地所を購入して設立。微小気候を利用して優良区画だけで栽培を行い、原料は搬入庫で冷却し、ポンプを使わない自然流下を用いるなど、ていねいな醸造を実践している。

ジ・アイリー・ヴィンヤーズ
The Eyrie Vineyards　　　　　　　　　　　　　　　　　　ウィラメット・ヴァレー

主要な商品

	ピノ・ムニエ Pinot Meunier
ピノ・ノワール・リザーヴ Reserve Pinot Noir	シャルドネ Chardonnay
ピノ・ノワール Pinot Noir	ピノ・グリ Pinot Gris

オレゴンの可能性を世に知らしめた元詰め栽培家で耕作地は20ha。1966年にデイヴィット・レット（2008年逝去）が設立。UCデイヴィス校で学ぶも、教授陣の反対のなか移住。1995年に初めて同州にピノ・ノワールを植樹したことから「ピノ・パパ」と呼ばれる。1979年に仏グルメ誌『ゴー・ミヨ』主催のテイスティングで9位となり、話題に。

ドメーヌ・セリーヌ
Domaine Serene　　　　　　　　　　　　　　　　　　　ウィラメット・ヴァレー

主要な商品

	ヤムヒル・キュヴェ・ピノ・ノワール Yamhill Cuvée Pinot Noir
エヴァンスタッド・リザーヴ・ピノ・ノワール Evenstad Reserve Pinot Noir	ロックブロック・ソノ・シラー Rockblock SoNo Syrah
エヴァンスタッド・リザーヴ・シャルドネ Evenstad Reserve Chardonnay	モノグラム・ピノ・ノワール・ウィラメット・ヴァレー Mnogram Pinot Noir Willamette Valley

「ピノ・ノワールの聖地」を標榜するオレゴンで最高評価を得るエステート・ワイナリー。1989年エヴァンスタッド夫妻がいまや州内屈指の銘醸地となったダンディー・ヒルズに設立。徐々に耕作地と醸造所を整備・拡張。アメリカワイン関係者が集った2004年オレゴン・ピノ・キャンプの試飲会でロマネ＝コンティ社を抑えて優勝したことで話題となる。

アメリカ
America

オレゴン

ドメーヌ・ドルーアン・オレゴン
Dom. Drouhin Oregon　　　ウィラメット・ヴァレー

主要な商品

オレゴン・シャルドネ・アーサー Oregon Chardonnay Arthur	オレゴン・ピノ・ノワール・ロレーヌ Oregon PinotNoir Laurène
オレゴン・ピノ・ノワール Oregon Pinot Noir	

1988年にブルゴーニュの名門ジョゼフ・ドルーアンが設立したエステート・ワイナリー。1979年に仏グルメ誌が主催するテイスティングで、ジ・アイリー・ヴィンヤーズの実力を確信。ドルーアン家の長女ヴェロニクが家族とともに暮らして管理。所有地50haでは収量制限と有機栽培を実践。ブルゴーニュの1級クラスを目標に優美なワインを造る。

ワシントン

シャトー・サン・ミッシェル
Chateau Ste. Michael

主要な商品

	コロンビア・ヴァレー・メルロ Columbia Valley Merlot
コロンビア・ヴァレー・リースリング Columbia Valley Riesling	エロイカ・リースリング Eroica Riesling
インディアン・ウェールズ・シャルドネ Indian Wells Chardonnay	エロイカ・リースリング・アイス・ワイン Eroica Riesling Ice Wine

ワシントン州の年間生産量のうち6割を占める巨大製造会社。州内最古のナショナル・ワイン社が前身で、1934年設立。伝説の醸造家アンドレ・チェリチェフの指導を受けて1967年にシャトー・サン・ミッシェルを発売。1999年にドクター・ローゼンと共同で製造したエロイカが大成功。2009年からタバコ製造大手のアルトリア社の傘下となっている。

ワシントン

デリール・セラーズ
DeLille Cellars　　　ピュージェット・サウンド

主要な商品

	シャルール・エステード・ブラン・レッド・マウンテン Chaleur Estate Blanc Red Mountain
グラン・シエル・エステート・カベルネ・ソーヴィニヨン Grand Ciel Estate Cabernet Sauvignon	ディー・ツー・コロンビア・ヴァレー D2 Columbia Valley
シャルール・エステード・レッド・マウンテン Chaleur Estate Red Mountain	ドワヤン・エックス Doyenne AIX

「ワシントンのラフィット・ロートシルト」と称されるワイナリーで、1992年に醸造家クリス・アップチャーチをはじめとする4人で設立。州内の厳選された原料を調達し、フランス産の新樽で熟成させる。気品を感じる濃密で力強いボルドー品種とローヌ品種を手掛ける。1997年の競売でワシントン・ワインとしては史上最高値を付けて話題となる。

ニューヨーク

アンソニー・ロード・ワイン・カンパニー
Anthony Road Wine Company　　　フィンガー・レイク

主要な商品

	ピノ・ノワール Pinot Noir
リースリング・ドライ Riesling Dry	リースリング・マルティーニ・ラインハルト・トロッケンベーレンアウスレーゼ Riesling Martini-Reinhardt Trockenbeerenauslese
シャルドネ・アンオークド Chardonnay Unoaked	ティエルス・ドライ・リースリング Tierce Dry Riesling

北東部フィンガー・レイクの開拓者的存在として賞賛される家族経営のワイナリー。1973年ジョン・マルティーニが栽培農家を設立し、1990年からワインを造りはじめる。フォックス・ラン・ヴィンヤードとレッド・ヌート・セラーズの3社共同で造った「ティエルス」ドライ・リースリングが2013年の大統領就任昼食会に供されて話題になる。

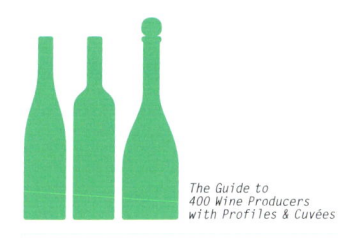

The Guide to
400 Wine Producers
with Profiles & Cuvées

オーストラリア

Australia

オーストラリアにはマルチ・リージョナル・ブレンドによる日常酒を手掛ける巨大工場が多くあり、買収や合併により系列化がいちじるしく進んでいる。ペンフォールズやローズマウント、ウルフ・ブラスなどを抱えるトレジャリー・ワイン・エステート社をはじめ、上位15社で国内生産量の7割以上を占める寡占状態にある。近年は西オーストラリアなどで小規模なエステート・ワイナリーが設立され、産地の個性を打ち出してきている。

オーストラリア

Australia

代表的生産者

ニュー・サウス・ウェールズ

ティレルズ・ワインズ
Tyrrell's Wines

ハンター・ヴァレー

主要な商品

VAT 8 シラーズ・カベルネ・ソーヴィニヨン
VAT 8 Shiraz Cabernet Sauvignon

VAT 6 ピノ・ノワール
VAT 6 Pinot Noir

スパークリング・カベルネ・ソーヴィニヨン
Sparkling Cabernet Sauvignon

オールド・ワイナリー・シラーズ
Old Winery Shiraz

1858年にイギリス出身のエドワード・ティレルがハンター地区で設立。系列化が進んでいるオーストラリアにおいて、めずらしく家族経営を維持。国内初で商品化されたシャルドネが高評価を得る。また、貴腐で有名なセミヨンを辛口に仕上げ、長期熟成させる個性的なワインも賞賛される。現在はクナワラなど南オーストラリア州でも栽培を行っている。

ニュー・サウス・ウェールズ

ローズマウント・エステート
Rosemount Estate

ハンター・ヴァレー

主要な商品

リージョナル・ショーケース・シラーズ
Regional Showcase Shiraz

ダイヤモンド・カベルネ・ソーヴィニヨン
Diamond Cabernet Sauvignon

ダイヤモンド・シャルドネ
Diamond Chardonnay

シラーズ・シャルドネ・セミヨン
Shiraz Chardonnay Semillon

ロード・シラーズ
Road Shiraz

トレジャリー・ワイン・エステート社が抱える巨大製造会社。1969年にボブ・オートレイが設立し、マルチ・リージョナル・ブレンドによる普及品を手掛ける。2001年にペンフォールズ社やリンデマン社を持つサウスコープ社と合併し、国内最大規模に成長。2005年、豪州ビール最大手フォスター社による買収を経て、2011年にワイン部門が独立。

ニュー・サウス・ウェールズ

デ・ボルトリ
De Bortoli

ビルブル

主要な商品

ヤラ・ヴァレー・ピノ・ノワール
Yarra Valley Pinot Noir

ハンター・ヴァレー・セミヨン
Hunter Valley Sémillon

ガルフ・ステーション・シャルドネ
Gulf Station Chardonnay

ディーン・カベルネ・ソーヴィニヨン
Deen Cabernet Sauvignon

ノーブル・ワン
Noble One

1928年にイタリア出身のヴィットリオ・デ・ボルトリがニュー・サウス・ウェールズ州に設立。国内最大級の製造会社で年産600万ケース。環境保全型農業を実践するなど、地域性を重視。元は普及品を手掛けていたが、貴腐のノーブル・ワン(1982年)で国際的評価を得た後、ヴィクトリア州にも進出して上級品まで展開する。

ニュー・サウス・ウェールズ

クロナキラ
Clonakilla

キャンベラ・ディストリクト

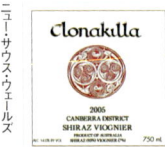

主要な商品

シラーズ・ヴィオニエ
Shiraz Viognier

ヒルトップ・シラーズ
Hilltop Shiraz

ヴィオニエ
Viognier

セミヨン=ソーヴィニヨン・ブラン
Semillon-Sauvignon Blanc

旗艦銘柄シラーズ・ヴィオニエ(1992年初生産)は黒品種に白品種を混ぜる、独特のコート・ロティ・ブレンドで国内最高峰と賞賛される。1971年にジョン・カークが小規模な家族経営で設立。1976年にはキャンベラで初めて商業販売をはじめた。現在は元神学校教師の四男ティムが中心に運営。

Australia

ニュー・サウス・ウェールズ

Casella Wines
カセラ・ワインズ

主要な商品

イエロー・テイル・シラーズ
Yellow Tail Shiraz

イエロー・テイル・カベルネ・ソーヴィニヨン
Yellow Tail Cabernet Sauvignon

イエロー・テイル・ピノ・ノワール
Yellow Tail Pinot Noir

イエロー・テイル・シャルドネ
Yellow Tail Chardonnay

イエロー・テイル・バブルス
Yellow Tail Bubbles

世界的人気のカジュアル・ワインであるイエロー・テイルを手掛ける巨大製造会社。1957年にシチリア出身のフィリッポ・カセラがワイン造りをはじめたのが起こり。ニュー・サウス・ウェールズに拠点を構え、マルチ・リージョナル・ブレンドによるバルク・ワインを手掛けてきた。家族経営では国内最大規模を誇り、原料破砕量では国内の1割を占める。

ヴィクトリア

ヤラ・ヴァレー

Dom. Chandon Australia
ドメーヌ・シャンドン・オーストラリア

主要な商品

ヴィンテージ・ブリュット
Vintage Brut

ヴィンテージ・ロゼ・ブリュット
Vintage Rosé Brut

リザーヴ・ピノ・ノワール
Reserve Pinot Noir

リザーヴ・シャルドネ
Reserve Chardonnay

シラーズ
Shiraz

瓶内二次発酵と長期瓶内熟成によるスパークリング・ワインはオーストラリアの代表的存在。シャンパーニュ最大手のモエ・エ・シャンドン社が1986年に設立したエクリプスが前身。その後、上級スティル・ワインにも展開したことから、一時はグリーン・ポイントの商標を用いた。業界で初めて販売時に王冠を使用したことでも知られる。

ヴィクトリア

ヤラ・ヴァレー

Yarra Yering
ヤラ・イエリング

主要な商品

ピノ・ノワール
Pinot Noir

ドライ・レッドNo.1
Dry Red No.1

ドライ・レッドNo.2
Dry Red No.2

アンダーヒル・シラーズ
Underhill Shiraz

シャルドネ
Chardonnay

銘醸地ヤラ・ヴァレーの復興を牽引したエステート・ワイナリーで、ピノ・ノワールは国内最高峰と賞賛される。1968年にベイリー・カロダス博士（2008年逝去）が単身で入植したのがはじまり。フィロキセラ被害により、半世紀もブドウ栽培が途絶えていた。ブルゴーニュやボルドー、南仏の品種を栽培し、試行錯誤の末に独自のワイン造りに到達。

ヴィクトリア

ヤラ・ヴァレー

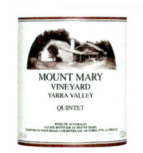

Mount Mary Vineyard
マウント・メアリー・ヴィンヤード

主要な商品

クインテット・ヤラ・ヴァレー
Quintet Yarra Valley

ピノ・ノワール・ヤラ・ヴァレー
Pinot Noir Yarra Valley

シャルドネ・ヤラ・ヴァレー
Chardonnay Yarra Valley

トリオレット・ヤラ・ヴァレー
Triolet

1971年に医師ジョン・ミドルトン（2006年逝去）が設立した小規模なエステート・ワイナリー。年間生産量3,500ケースの稀少性から愛好家からは垂涎の的として注目されている。ボルドー品種やブルゴーニュ品種から白赤4銘柄を手掛けており、いずれも評論家から高い評価を得ている。現在は息子デイヴィッドが継承し、環境保全型農業を実践している。

オーストラリア
Australia

ヴィクトリア

Coldstream Hills
コールドストリーム・ヒルズ
ヤラ・ヴァレー

主要な商品

リザーヴ・ピノ・ノワール
Reserve Pinot Noir

リザーヴ・シャルドネ
Reserve Chardonnay

メルロ
Merlot

ソーヴィニヨン・ブラン
Sauvignon Blanc

スパークリング・シャルドネ・ピノ・ノワール
Sparkling Chardonnay Pinot Noir

ピノ・ノワールやシャルドネなどのクール・クライメイト・ワインを主軸とするエステート・ワイナリーで、「オーストラリアのロマネ＝コンティ」と呼ばれたこともある。1985年に評論家ジェームス・ハリデーが設立。1996年にはペンフォールズを中核とするサウスコープ社に買収され、2011年からはトレジャリー・ワイン・エステート社の傘下にある。

ヴィクトリア

Curly Flat Vineyard
カーリー・フラット・ヴィンヤード
マセドン・レンジス

主要な商品

ザ・カーリー・ピノ・ノワール
The Curly Pinot Noir

シャルドネ
Chardonnay

ラクーナ・シャルドネ
Lacuna Chardonnay

ウィリアムズ・クロッシング・ピノ・ノワール
Williams Crossing Pinot Noir

ロゼ
Rosé

近年、オーストラリアにおけるピノ・ノワールの最高峰として賞賛されるエステート・ワイナリー。1991年に元銀行員フィリップ・モラハンとジェニファー・コルカにより設立。試行錯誤の末に1998年からワインを造りはじめる。冷涼気候のもとでバイオダイナミクスによる栽培を実践し、優美で繊細なブルゴーニュ・スタイルをめざしている。

南オーストラリア

Wolf Blass
ウルフ・ブラス
バロッサ・ヴァレー

主要な商品

プラチナ・ラベル・シラーズ
Platinum Label Shiraz

ブラック・ラベル
Black Label

ゴールド・ラベル・リースリング
Gold Label Riesling

レッド・ラベル・シャルドネ
Red Label Chardonnay

イーグルホーク・スパークリング・キュヴェ・ブリュット
Eaglehawk Sparkling Cuvée Brut

国内2位のワイン・ホールディングであるトレジャリー・ワイン・エステートの中核企業。1961年に東独出身のウルフ・ブラスが醸造コンサルタントとして開業したのがはじまり。1973年から独自ブランドを販売し、高評価を獲得して拡大。いくつかの合併や買収を経て、2011年に豪州ビール最大手フォスター社のワイン部門が独立してグループを設立。

南オーストラリア

Jacob's Creek
ジェイコブス・クリーク
バロッサ・ヴァレー

主要な商品

ヨハン・シラーズ・カベルネ
Johann Shiraz Cabernet

リザーヴ・バロッサ・リースリング
Reserve Barossa Riesling

シャルドネ
Chardonnay

わ
Wa

スパークリング・ロゼ
Sparkling Rosé

リキュール製造大手ペルノ・リカール社が抱えるワイン・ホールディングであるオーランド社の中核企業。1856年にドイツ移民ヨハン・グランプが設立。バロッサでは初となる商業用のブドウ畑で、そばを流れる小川、ジェイコブス・クリークから命名。フレッシュで気軽さをコンセプトに展開し、オーストラリア・ワインでは世界市場で最も認知度が高い。

Australia

南オーストラリア

John Duval
ジョン・デュヴァル
バロッサ・ヴァレー

主要な商品

エリゴ
Eligo

エンティティ
Entity

プレクサス
Plexus

プレクサス MRV
Plexus MRV

醸造家ジョン・デュヴァルがみずからの名前を掲げたブランドとして2003年に設立。長年ペンフォールズ社の醸造責任者として勤務し、旗艦銘柄グランジなどを手掛け、数々の受賞歴を誇る。南仏ローヌ品種のみを手掛け、一部は100年を超えるような高樹齢の畑から原料を調達する。新樽比率を抑え、濃密で力強くも複雑で落ちついたワインに仕上げる。

南オーストラリア

Torbreck
トルブレック
バロッサ・ヴァレー

主要な商品

ラン・リグ
RunRig

レ・ザミ
Les Amis

キュヴェ・ジュヴナイルズ
Cuvée Juveniles

ウッドカッターズ・シラーズ
WoodCutter's Shiraz

ウッドカッターズ・セミヨン
WoodCutter's Sémillon

スコットランドで木こりをしていたデイヴィット・パウエルが、1994年バロッサ・ヴァレーに設立したワイナリー。名前は夫人と出会った森の名前に由来する。「ローヌ品種の天才」と評価され、ドライ・ヴィンテージ・ポルトに喩えられるほど、濃密でやわらかな現代的なワインを手掛ける。旗艦銘柄はシラーズにわずかなヴィオニエを混ぜたラン・リグ。

南オーストラリア

Peter Lehmann Wines
ピーター・レーマン
バロッサ・ヴァレー

主要な商品

ストーンウェル・シラーズ
Stonewell Shiraz

8 ソングス・シラーズ
8 Songs Shiraz

アート・シリーズ・バロッサ・カベルネ・ソーヴィニヨン
Art Series Barossa Cabernet Sauvignon

イーデン・ヴァレー・リースリング
Eden Valley Riesling

ブラック・クイーン・スパークリング・シラーズ
Black Queen Sparkling Shiraz

醸造家ピーター・レーマンが1979年に設立した製造会社。当時の勤務先が原料の余剰を理由に、栽培農家との契約を解除しようとしたことから、独立して救済にあたる。現在も原料自給率は2%と低い。旗艦銘柄ストーンウェルはバロッサにある世界最高樹齢を誇るシラーズの畑の1つから造る。2002年に米国ヘス・コレクションが買収。

南オーストラリア

Henschke
ヘンチキ
バロッサ・ヴァレー

主要な商品

ヒル・オブ・グレイス
Hill of Grace

アボッツ・プレイヤー
Abbotts Prayer

ヘンリーズ・セブン
Henry's Seven

ティリーズ・ヴィンヤード
Tillys Vineyard

ノーブル・ロット・リースリング
Noble Rot Riesling

最高級の単一畑にこだわり、国内最高評価を得ている。プレフィロキセラの樹齢130年のシラーズから造る旗艦銘柄ヒル・オブ・グレイスは、ペンフォールズ社のグランジと双璧と讃えられる。1892年にドイツ移民ヨハン・クリスチャン・ヘンチキが家族用にワイン造りをはじめた。現在は5代目当主ステファンが運営。

The Guide to 400 Wine Producers with Profiles & Cuvées

オーストラリア
Australia

南オーストラリア

Glaetzer Wines　　　　　　　　　　　　　　　　　　　　　　　　バロッサ・ヴァレー
グレッツァー・ワインズ

主要な商品

アモン・ラ・シラーズ
Amon-Ra Shiraz

ビショップ・シラーズ
Bishop Shiraz

若手醸造家として注目を集めたベン・グレッツァーが父コリンとともに1996年に設立。きわめて現代的で濃密なワインを造り、旗艦銘柄アモン・ラは一部で熱狂的な人気を得る。ベンはミトロとハートランドも共同所有するほか、いくつかの銘柄をコンサルティング。グレッツァー家は1888年にドイツから移民してきた一族で、父と叔父も名匠として有名。

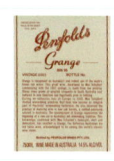

南オーストラリア

Penfolds　　　　　　　　　　　　　　　　　　　　　　　　　　　バロッサ・ヴァレー
ペンフォールズ

主要な商品

グランジ
Grange

ヤッターナ・シャルドネ
Yattarna Chardonnay

BIN707
BIN707

RWT
RWT

ローソンズ・リトリート・セミヨン・シャルドネ
Rawson's Retreat Sémillon Chardonnay

国内屈指の規模と評価を誇り、旗艦銘柄グランジはシラーズの最高峰として讃えられる。1844年にイギリス出身の医師クリストファー・ローソン・ペンフォールドが設立。元は酒精強化酒に主軸を置いていたものの、20世紀半ばから市場動向にあわせてスティル・ワインへ転換。安定供給のために産地間のマルチ・リージョナル・ブレンドを打ち出す。

南オーストラリア

Shaw & Smith　　　　　　　　　　　　　　　　　　　　　　　　　アデレード・ヒルズ
ショウ・アンド・スミス

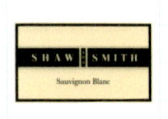

主要な商品

シラーズ
Shiraz

M3 ヴィンヤード・シャルドネ
M3 Vineyard Chardonnay

ソーヴィニヨン・ブラン
Sauvignon Blanc

温暖なオーストラリアにおいてクール・クライメイト・シラーズというスタイルをいちはやく提唱。1989年に従兄弟のマーティン・ショウとマイケル・ヒル・スミスがアデレード・ヒルズに設立。ショウはフライング・ワイン・メーカーとして国内外で活躍し、スミスは1988年に難関マスター・オブ・ワインに豪州で初めて合格したことで知られる。

南オーストラリア

Grosset　　　　　　　　　　　　　　　　　　　　　　　　　　　　クレア・ヴァレー
グロセット

主要な商品

ポーリッシュ・ヒル・リースリング
Polish Hill Riesling

ウォーターヴェイル・スプリングヴェイル・リースリング
Watervale Springvale Riesling

セミヨン・ソーヴィニヨン・ブラン
Sémillon Sauvignon Blanc

ピノ・ノワール
Pinot Noir

ガイア
Gaia

リースリングでは国内最高評価を得ている。1981年にジェフリー・グロセットがクレア・ヴァレーの標高400mの高地に設立。プレミアム・ワインにおけるスクリュー・キャップの導入では先駆的立場で、コルクとの比較実験を長年に渡って実施し、マスコミや消費者に向けて啓蒙活動を行ってきたことは有名。

Australia

南オーストラリア

D'Arenberg
ダーレンベルグ
マクラーレン・ヴェイル

主要な商品

カッパーマイン・ロード・カベルネ・ソーヴィニヨン
Coppermine Road Cabernet Sauvignon

デッド・アーム・シラーズ
Dead Arm Shiraz

ザ・スタンプ・ジャンプ・レッド
The Stump Jump Red

ザ・スタンプ・ジャンプ・ホワイト
The Stump Jump White

ラフィング・マグパイ・シラーズ・ヴィオニエ
Laughing Magpie Shiraz Viognier

4世代を重ねる家族経営の元詰め栽培農家で耕作地は138ha。シラーズやグルナッシュなどの南仏ローヌ品種で高い評価を得ている。豊かなタンニンを持つ力強い古典的スタイル。旗艦銘柄デッド・アームはウイルス病に侵されて収量が落ちた樹から造る個性的なもの。1912年にジョゼフ・オズボーンがミルトン・ヴィンヤードを購入したのがはじまり。

南オーストラリア

Hardy's
ハーディーズ
マクラーレン・ヴェイル

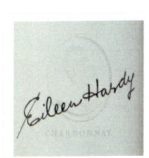

主要な商品

アイリーン・ハーディー・シャルドネ
Eileen Hardy Chardonnay

ウームー・シャルドネ
Oomoo Chardonnay

スタンプ・シャルドネ・セミヨン
Stamp Chardonnay Semillon

ノッテージ・ヒル・スパークリング
Nottage Hill Sparkling

サー・ジェームス・タンバルンバ
Sir James Tunbarumba

世界最大のワイン・ホールディングであるアコレード・ワイン社（2011年までは旧社名コンステレーション・ブランズ）の中核企業で、国内最大規模を誇る製造会社。1857年に英国出身トマス・ハーディーが英国向けに輸出をはじめたのが起こり。長く家族経営を続けるものの、2003年にアメリカコンステレーション社が買収。主に低価格帯を手掛ける。

南オーストラリア

Wynns Coonawarra Estate
ウィンズ・クナワラ・エステート
クナワラ

主要な商品

ジョン・リドック・カベルネ・ソーヴィニヨン
John Riddoch Cabernet Sauvignon

マイクル・シラーズ
Michael Shiraz

カベルネ・シラーズ・メルロ
Cabernet Shiraz Merlot

シャルドネ
Chardonnay

リースリング
Riesling

クナワラで最大かつ最古のエステート・ワイナリーで、耕作地950haはクナワラの特徴的な土壌テラロッサの7割を占める。1891年にスコットランド移民のジョン・リドックが設立し、1951年にサミュエル・ウィンが買収して改名。1985年からペンフォールズ社の傘下となり、2005年からはトレジャリー・ワイン・エステートに属する。

西オーストラリア

Vasse Felix
ヴァス・フェリックス
マーガレット・リヴァー

主要な商品

ヘイツベリー・カベルネ・ソーヴィニヨン
Heytesbury Cabernet Sauvignon

ヘイツベリー・シャルドネ
Heytesbury Chardonnay

シラーズ
Shiraz

カベルネ・メルロ
Cabernet Merlot

ソーヴィニヨン・ブラン・セミヨン
Sauvignon Blanc Semillon

マーガレット・リヴァー初の商業ワイナリーで、その躍進の牽引役でもある。1967年にトム・カリティ博士が植樹し、1971年が初生産。1987年からホルメ・ア・コート家が所有。ラベルに描かれたハヤブサは、博士が害鳥駆除のため飼育したことに因む。冷涼気候に育まれた優美なシャルドネが高評で、カベルネ・ソーヴィニヨンやシラーズなども手掛ける。

The Guide to 400 Wine Producers with Profiles & Cuvées

オーストラリア
Australia

西オーストラリア

マーガレット・リヴァー

Cullen Wines
カレン・ワインズ

主要な商品

カベルネ・メルロ
Cabernet Merlot

シャルドネ
Chardonnay

マーガレット・リヴァーにおけるボルドー品種の赤ワインでは最高評価を得るエステート・ワイナリー。1966年に精神科医ケヴィン・ジョン・カレンが試験栽培をはじめ、1971年に設立。多忙な夫に代わり、ダイアナ夫人がワイン造りを行い、評価を高めた。樹齢40年の畑でバイオダイナミクスを実践し、環境負荷の低減を図って運営している。

西オーストラリア

マーガレット・リヴァー

Leeuwin Estate
ルーウィン・エステイト

主要な商品

アート・シリーズ・シャルドネ
Art Series Chardonnay

アート・シリーズ・カベルネ・ソーヴィニヨン
Art Series Cabernet Sauvignon

アート・シリーズ・リースリング
Art Series Riesling

プレリュード・ヴィンヤーズ・シャルドネ
Prelude Vineyards Chardonnay

エステイト・ブリュット・シャルドネ
Estate Brut Chardonnay

マーガレット・リヴァーの躍進における最大功績者として有名なエステート・ワイナリー。1973年に牧場主デニス・ホーガンが「カリフォルニアの帝王」と呼ばれたロバート・モンダヴィの協力を得て設立。シャルドネは国内最高評価を得ており、リースリングとカベルネ・ソーヴィニヨンも高評。旗艦銘柄アート・シリーズは蛙を描いた絵で人気。

タスマニア

Josef Chromy 
ジョセフ・クローミー

主要な商品

シャルドネ
Chardonnay

エスジーアール・デリカト・リースリング
SGR Delikat Riesling

ピノ・ノワール
Pinot Noir

ペピック・ピノ・ノワール
Pepik Pinot Noir

ヴィンテージ・スパークリング・ブリュット
Vintage Sparkling Brut

歴史は浅いものの、タスマニアで最高評価を得ているワイナリーで、創設者ジョセフ・クローミーは「タスマニアの父」と呼ばれる。1950年にチェコスロバキアから移住して食肉業や土地開発業で成功。1994年にテイマー・リッジを設立(2003年に売却)した後、2007年にあらたなブランドとして設立。冷涼気候によるピノ・ノワールや発泡酒が高評。

タスマニア

Pipers Brook 
パイパーズ・ブルック

主要な商品

ピノ・ノワール
Pinot Noir

クレッグリンガー・ブリュット
Kreglinger Brut

タスマニアでは最大規模を誇り、耕作地は176ha。1973年にアンドリュー・ピーリーが開墾したのがはじまり。ピノ・ノワールやシャルドネ、リースリングなどの高品質なクール・クライメイト・ワインを手掛けるほか、普及品のナイン・アイランズなどのブランドを持つ。2001年にクレリンガー社(ベルギー)が買収。

104

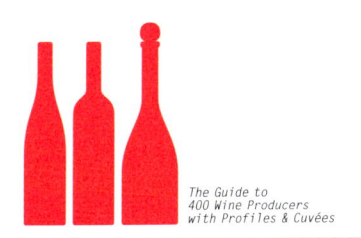

The Guide to
400 Wine Producers
with Profiles & Cuvées

その他新世界

New World

南米などの新世界諸国は、近年になってからの国際市場への登壇ながらも、いちじるしい品質向上を遂げている。フランス、アメリカなどの先進国からの技術移転を積極的に行ったことで、高い技術力を持つワイナリーが増えているのが背景にある。当初は低価格帯に主軸を置いていたものの、近年は上級品への展開を模索している。また、ニュージーランドのように中価格帯以上で成功しているところも現われている。

その他新世界
New World

プロヴィダンス
Providence — オークランド
ニュージーランド

主要な商品

プロヴィダンス Providence	プライベート・リザーヴ Private Reserve
シラー Syrah	

1989年に弁護士ジェームス・ヴェルティッチが趣味のために設立した小規模なエステート・ワイナリーで初生産は1993年。樽や桶は亜硫酸水溶液で洗浄するものの、酸化防止剤として亜硫酸を直接ワインには加えないことが「無添加」として話題になる。初出荷から高評価を獲得して「ニュージーランドのル・パン」と讃える評論家も現われた。

ストーニーリッジ・ヴィンヤード
Stonyridge Vineyard — マーティンボロ
ニュージーランド

主要な商品

	ネグラ Negra
ラローズ Larose	エアフィールド Airfield
ピルグリム Pilgrim	チャーチ・ベイ・シャルドネ Church Bay Chardonnay

ボルドー・ブレンドではニュージーランドにおける最高峰であり、世界的な評価を得ている。耕作地は6ha。1982年にスティーヴン・ホワイトがオークランドの沖にあるワイヘケ島に設立。ワイン造りのかたわら、国際ヨットレースで船長を務める偉才。認証は取らないものの有機栽培を実践し、伝統的な仕込みをしている。

アタ・ランギ
Ata Rangi — マーティンボロ
ニュージーランド

主要な商品

	セレブレ Célèbre
ピノ・ノワール Pinot Noir	クレイグホール・シャルドネ Craighall Chardonnay
クリムゾン・ピノ・ノワール Crimson Pinot Noir	サマー・ロゼ Summer Rosé

ニュージーランドにおけるピノ・ノワールの先駆者であり、その最高峰と讃えられる。1980年にクライヴ・ペイトンらにより設立。密輸されたロマネ=コンティの分枝という伝説的逸話を持つエイベル・クローンを植樹。自社畑と賃借畑で55haを耕作。ブルゴーニュ以外でピノ・ノワールを成功させた功績は大きい。屋号はマオリ語で「夜明けの空」のこと。

クスダ・ワインズ
Kusuda Wines — マーティンボロ
ニュージーランド

主要な商品

	ピノ・ノワール"c" Pinot Noir "c"
クスダ・ピノ・ノワール Kusuda Pinot Noir	ランコニュ L'inconnu
ピノ・ノワール"g" Pinot Noir "g"	シラー Syrah

海外で活躍する日本人醸造家のさきがけ。2001年に楠田浩之が北島のマーティンボロに小規模ワイナリーを設立。賃借畑とシューベルトの設備を借りて2002年から生産を開始。栽培から醸造まで几帳面な仕事から秀逸なワインを造る。歴史は浅いものの、イギリス人評論家も「日本人の完璧主義」と絶賛し、とくにピノ・ノワールは国際的にも評価が高い。

New World

ニュージーランド

Schubert Wines　　　　　　　　　　　　　　　　　　　　　　　　マーティンボロ

シューベルト・ワインズ

主要な商品	カベルネ・メルロ Cabernet Merlot
ピノ・ノワール・マリオンズ・ヴィンヤード Pinot Noir Marion's Vineyard	ソーヴィニヨン・ブラン Sauvignon Blanc
ブロック B Block B	トリビアンコ Tribianco

ピノ・ノワールでは最高評価を得ている小規模ワイナリーで、旗艦銘柄ブロックBは世界コンクールでの優勝歴を持つ。1998年にドイツ出身のカイ・シューベルトが北島南端のワイララパに設立。最高のピノ・ノワールを造ることをめざして、たどりついた土地だった。クスダの立ち上げを支援したことでも知られ、とくに日本市場では人気となっている。

ニュージーランド

Palliser Estate　　　　　　　　　　　　　　　　　　　　　　　　マーティンボロ

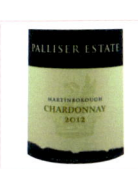

パリサー・エステート

主要な商品	マーティンボロ・ソーヴィニヨン・ブラン Martinbotough Sauvignon Blanc
マーティンボロ・ピノ・ノワール Martinbotough Pinot Noir	マーティンボロ・リースリング Martinbotough Riesling
マーティンボロ・シャルドネ Martinbotough Chardonnay	ペンカロウ・ピノ・ノワール Pencarrow Pinot Noir

マーティンボロでは最大手であり、指標的存在。1989年に株式会社として設立される。初収穫は1989年と歴史は浅いものの、国際コンクールでも高評価を得るほど。自社畑92haを主体に造る上級商品群のエステート・シリーズのほか、セカンド・ワインのペンカロウ・シリーズがある。屋号は北島南端のパリサー岬に因む。

ニュージーランド

Martinborough Vineyard　　　　　　　　　　　　　　　　　　　マーティンボロ

マーティンボロ・ヴィンヤード

主要な商品	シャルドネ Chardonnay
ピノ・ノワール Pinot Noir	ソーヴィニヨン・ブラン・テ・テラ Sauvignon Blanc Te Tera
ソーヴィニヨン・ブラン Sauvignon Blanc	ピノ・ノワール・ロゼ Pinot Noir Rosé

国際的評価を得るピノ・ノワールの先駆者として有名なワイナリー。国立土壌局で土壌調査を担当したデレック・ミルヌ博士が、マーティンボロとブルゴーニュの類似性を見出したことから、1980年にみずから設立。環境マネジメントシステムISO14001を取得したように、環境に負荷のかからない栽培と醸造を実現。シャルドネやリースリングも秀逸。

ニュージーランド

Cloudy Bay　　　　　　　　　　　　　　　　　　　　　　　　　マールボロ

クラウディ・ベイ

主要な商品	ピノ・ノワール Pinot Noir
テ・ココ Te Koko	リースリング Riesling
ソーヴィニヨン・ブラン Sauvignon Blanc	ペロリュスNV Pelorus NV

主軸となるソーヴィニヨン・ブランでニュージーランドの躍進を牽引したワイナリー。1985年にケープ・メンテル（西オーストラリア）のデイヴィット・ホーネンが設立。1990年にヴーヴ・クリコ社の買収により経営が安定化して拡大を図る。現在は自社畑100ha以上と契約畑からシャルドネやピノ・ノワールも手掛け、高評価を受けている。

フロム・ワイナリー
Fromm Winery — マールボロ

ニュージーランド

主要な商品	シャルドネ Chardonnay
ピノ・ノワール・フロム・ヴィンヤード Pinot Noir Fromm Vineyard	ソーヴィニヨン・ブラン Sauvignon Blanc
ピノ・ノワール・クレイヴィン・ヴィンヤード Pinot Noir Clayvin Vineyard	ドライ・リースリング Dry Riesling

1992年にゲオルグ・フロムが南島マールボロに設立したワイナリー。スイスで4世代を重ねるワイナリーを営んでいたものの、家族旅行で訪れた際にこの土地の可能性に気付いた。当初はピノ・ノワールなどの黒ブドウを栽培していたものの、その後に白ブドウも拡大。力強く骨太なスタイルが高評。現在、フロムは運営から離れ、実家に専念している。

フェルトン・ロード
Felton Road — セントラル・オタゴ

ニュージーランド

主要な商品	バノックバーン・ピノ・ノワール Bannockbum Pinot Noir
ピノ・ノワール・カルヴァート Pinot Noir Calvert	バノックバーン・シャルドネ Bannockbum Chardonnay
シャルドネ・ブロック 2S Chardonnay Block 2S	ドライ・リースリング S1 Dry Riesling S1

セントラル・オタゴの可能性を世界に広めたワイナリーとして有名。1991年にスチュワート・エルムズがブドウ畑を拓いたのが起こり。2000年にイギリスのナイジェル・グリーニングがそのワインに魅了されて購入。1997年に初ヴィンテージとなったピノ・ノワールが世界的注目を集めたほか、シャルドネやリースリングも評価が高い。

ヴィーニャ・エラスリス
Viña Errazuriz — アコンカグア・ヴァレー

チリ

主要な商品	カイ Kai
ヴィニエド・チャドウィック Viñedo Chadwick	マックス・レゼルヴァ・シャルドネ Max Reserva Chardonnay
ドン・マキシミアーノ・ファウンダーズ・リザーヴ Don Maximiano Founder's Reserve	エステイト・カルメネール Estate Carmenère

1870年にマキシミアーノ・チャドウィック・エラスリスが設立したエステート・ワイナリー。自社原料から高品質なワインを造ることを哲学に掲げる。銘醸地アコンカグア・ヴァレーをほぼ独占する広大な自社畑を所有。1996年にロバート・モンダヴィ社と共同でカリテラ社を設立したが、2004年には合弁解消。旗艦銘柄セーニャは世界的評価を獲得。

アルマヴィーヴァ
Almaviva — マイポ・ヴァレー

チリ

主要な商品	
アルマヴィーヴァ Almaviva	

1997年にバロン・フィリップ・ド・ロートシルト社（ムートン・ロートシルト）とコンチャ・イ・トロ社が共同で設立。プレミアム・ワイン1銘柄のみを手掛け、世界最高級のボルドー・ブレンドとして評価される。カベルネ・ソーヴィニヨンとカルメネーレによる濃密で豊潤なスタイル。商標は劇作家ボーマルシェのフィガロ3部作の登場人物に因む。

New World

チリ

コンチャ・イ・トロ
Concha y Toro — マイポ・ヴァレー

主要な商品	マルケス・デ・カーサ・コンチャ Marques de Casa Concha
ドン・メルチョー Don Melchor	カッシェロ・デル・ディアブロ Casillero del Diablo
アメリア Amelia	サンライズ Sunrise

チリで最大規模を誇る巨大エステート・ワイナリーで、自社畑7000ha以上を所有する。1883年にメルチョール・コンチャ・イ・トロがマイポ・ヴァレーに設立。ボルドーから苗木を仕入れて植樹するとともに、技術者を招聘してワイン造りをはじめた。旗艦銘柄ドン・メルチョー（1987年）はチリにおけるプレミアム・ワインのさきがけ。

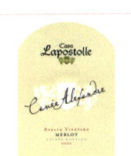

ラポストール
Lapostolle — ラペル・ヴァレー

主要な商品	キュヴェ・アレクサンドル・シャルドネ Cuvée Alexandre Chardonnay
クロ・アパルタ Clos Apalta	カサ・カベルネ・ソーヴィニヨン Casa Cabernet Sauvignon
キュヴェ・アレクサンドル・カベルネ・ソーヴィニヨン Cuvée Alexandre Cabernet Sauvignon	カサ・ソーヴィニヨン・ブラン Casa Sauvignon Blanc

世界的に有名なリキュール、グラン・マルニエの創業者の曾孫娘アレクサンドラ・マルニエ・ラポストールが1994年、コルチャグア・ヴァレーにあるホセ・ラパトのブドウ園に出資して設立。醸造コンサルタントのミシェル・ロランを招聘して生産を開始。旗艦銘柄クロ・アパルタはカルメネーレを主体とする個性的なブレンドで、世界的な評価を獲得。

コノスル
Cono Sur — ラペル・ヴァレー

主要な商品	オシオ Ocio
ピノ・ノワール・20 バレル・リミテッド・エディション Pinot Noir 20 Barrels Limited Edition	シャルドネ・レゼルヴァ Chardonnay Reserva
カベルネ・ソーヴィニヨン・20 バレル・リミテッド・エディション Cabernet Sauvignon 20 Barrels Limited Edition	ゲヴュルツトラミネール・ヴァラエタル Gewürztraminer Varietal

1993年に設立された大手製造会社で、「南（スル）の円錐（コノ）」という屋号は南米から新世界ワインの魅力を発信するという思いに因む。前身はラペル・ヴァレーのチェンバロンゴの単一畑に遡る。共生生物を用いた無農薬栽培を実践するほか、チリでもいちはやく合成コルクやスクリュー・キャップを導入。低価格ながらも品質の高さで好評。

モンテス
Montes — コルチャグア・ヴァレー

主要な商品	リミテッド・セレクション・ピノ・ノワール Limited Selection Pinot Noir
モンテス・アルファ・カベルネ・ソーヴィニヨン Montes Alpha Cabernet Sauvignon	クラシック・メルロ Classic Merlot
モンテス・アルファ・シャルドネ Montes Alpha Chardonnay	パープル・エンジェル Purple Angel

1988年にペドロ・グランデが出資して、醸造家アウレリオ・モンテスらとともに設立。チリで初めて傾斜地での栽培を始めたほか、手摘みによる収穫や重力式によるワインの移動などをいちはやく導入。旗艦銘柄モンテス・アルファ・シリーズは値頃感と高品質を同時に実現したことで、世界的な人気を博した。

その他新世界
New World

チリ | Los Vascos | コルチャグア・ヴァレー

ロス・ヴァスコス

主な商品

グランド・レゼルヴ
Grande Reserve

カベルネ・ソーヴィニヨン
Cabernet Sauvignon

シャルドネ
Chardonnay

ソーヴィニヨン・ブラン
Sauvignon Blanc

ル・ディス・ド・ロス・バスコス
Le Dix de Los Vascos

1750年にスペイン移民のエチュニケ家が設立した老舗のエステート・ワイナリーで、ドメーヌ・バロン・ド・ロートシルト社（ラフィット・ロートシルト）が1983年から技術協力し、1998年に継承。その際に改植のほか、設備刷新や作業改善を行い、品質向上を図った。所有地は3600ha、うち耕作地580haまでに拡大。手頃な価格帯で安定した品質が定評。

アルゼンチン | San Pedoro de Yacochuya | カファヤテ

サン・ペドロ・デ・ヤコチューヤ

主な商品

ヤコチューヤ・マルベック
Yacochuya Malbec

サン・ペドロ・ド・ヤコチューヤ
San Pedro de Yacochuya

サン・ペドロ・デ・ヤコチューヤ・トロンテス
San Pedro de Yacochuya Torrontés

海抜2350mは世界で最も標高が高いと言われるブドウ畑。1850年設立の老舗、ボデガス・エチャートが1988年に設立し、醸造コンサルタントにミシェル・ロランを招聘して話題となる。きわめて濃密な現代的スタイルが一部の評論家から激賞される。1996年にボデガス・エチャートとともにペルノ・リカール・グループに買収された。

アルゼンチン | Bodegas de Caro | メンドーサ

カロ

主な商品

アルマ・マルベック
Aruma Malbec

アマンカサ・マルベック・カベルネ・ソーヴィニヨン
Amancaya Malbec Cabernet Sauvignon

カロ
Caro

1998年にカテナ社とドメーヌ・バロン・ド・ロートシルト社（ラフィット・ロートシルト）が提携に合意。翌年から技術交流がはじまり、2000年から生産を開始。両社の頭文字を併せて命名。アルゼンチンとフランスの文化の融合を掲げ、マルベックとカベルネ・ソーヴィニヨンを混ぜたワインを造る。高地栽培による優美さと深みを表現。

アルゼンチン | Terazas de los Andes | メンドーサ

テラザス・デ・ロス・アンデス

主な商品

シュヴァル・デ・ザンデス
Cheval des Andes

シングル・ヴィンヤード・ラス・コンプエルタス・マルベック
Single Vineyard Las Compuertas Malbec

リゼルヴァ・カベルネ・ソーヴィニヨン
Riserva Cabernet Sauvignon

リゼルヴァ・トロンテス
Riserva Torrontés

アルトス・デル・プラタ・シャルドネ
Altos del Plata Chardonnay

1999年にモエ・ヘネシー・ワイン・エステート社とモエ・エ・シャンドンの現地子会社ボデガ・シャンドン・アルゼンティーナ社が共同で設立。標高差による適品種の栽培という考え方をいちはやく実践して高品質化。カベルネ・ソーヴィニヨンやマルベック、シャルドネを栽培。同年にはシュヴァル・ブランと共同でシュヴァル・デス・アンデスを設立。

New World

アルゼンチン

Trapiche　　　　　　　　　　　　　　　　　　　　　　　　　　　　メンドーサ

トラピチェ

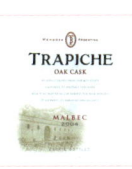

主要な商品	ブロッケル・シャルドネ Broquel Chardonnay
イスカイ Iscay	シャルドネ・オーク・カスク Chardonnay Oak Cask
ブロッケル・カベルネ・ソーヴィニヨン Broquel Cabernet Sauvignon	マルベック Malbec

1883年に元州知事トブリシオ・ベネガスによりメンドーサに設立。1970年にプレンタ家が買収した後、輸出拡大を図る。現在はアルゼンチンで輸出量首位を誇る。設立時からヨーロッパと比肩するワインを造ることをめざし、技術移転に積極的で、醸造コンサルタントのミシェル・ロランの指導を受けていたことも。

アルゼンチン

Bodega Catena Zapata　　　　　　　　　　　　　　　　　　　　　メンドーサ

カテナ・サパータ

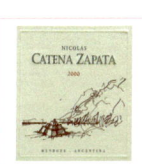

主要な商品	アラモス・カベルネ・ソーヴィニヨン Alamos Cabernet Sauvignon
シャルドネ Chardonnay	アラモス・ピノ・ノワール Alamos Pinot Noir
マルベック Malbec	アマンカヤ（ボデガス・カロ） Amancaya (Bodegas Caro)

2001年にニコラス・カテナ・サパータが最新鋭の技術と設備を持つワイナリーを設立。ラフィット・ロートシルトとの共同事業カロでも成功を収め、国内最高峰の評価を固める。カリフォルニアの成功に触発され、1980年代に普及品を手掛ける製造部門を売却。1902年にイタリア移民のニコラ・カテナがメンドーサに拓いたブドウ畑が前身。

南アフリカ

Simonsig　　　　　　　　　　　　　　　　　　　　　　　　　　ステレンボッシュ

シモンシッヒ

主要な商品	カベルネ・メルロ Cabernet Merlot
ピノタージュ Pinotage	シャルドネ Chardonnay
シュナン・ブラン Chenin Blanc	カープス・ヴォンケル・ブリュット Kaapse Vonkel Brut

南アフリカで初となる瓶内二次発酵による発泡酒（1971年）を手掛けたことで知られる。1953年にフラン・マランがステレンボッシュで栽培をはじめ、1968年からスティル・ワインの生産を開始。所有地302ha、うち耕作地210haには在来植物の保全域を設けるなど、環境調和を図る。ピノタージュのほか、国際品種を手掛ける。

南アフリカ

Vergelegen　　　　　　　　　　　　　　　　　　　　　　　　　ステレンボッシュ

フィルハーレヘン

主要な商品	フィルハーレヘン・メルロ・リザーヴ Vergelegen Merlot Reserve
フィルハーレヘン Vergelegen	フィルハーレヘン・シャルドネ Vergelegen Chardonnay
フィルハーレヘン・カベルネ・ソーヴィニヨン・リザーヴ Vergelegen Cabernet Sauvignon Reserve	フィルハーレヘン・ソーヴィニヨン・ブラン Vergelegen Sauvignon Blanc

1672年からオランダ東インド会社の前進基地として開発されたのが前身。1987年に鉱山業大手の子会社アングロ・アメリカン・ファームズ社が買収。豊富な資金力を背景にして技術革新を図ったことで品質向上。現在は南アフリカの最高峰と賞賛され、各国偉人たちも訪問。ボルドー品種から造る赤ワインを主軸とするほか、シャルドネなども手掛ける。

その他新世界
New World

ハミルトン・ラッセル・ヴィンヤーズ
Hamilton Russell Vineyards — ウォーカー・ベイ

南アフリカ

主要な商品

シャルドネ Chardonnay	
ピノ・ノワール Pinot Noir	

1975年に広告業界の重鎮ティム・ハミルトン・ラッセルが海浜リゾートとして知られるウォーカー湾近くにエステート・ワイナリーを設立。シャルドネとピノ・ノワール、ソーヴィニヨン・ブランを栽培。耕作地は64haほど。南アフリカでは最南に位置する土地で、海洋性の冷涼気候から繊細な風味。とくにピノ・ノワールは国内最高峰とも賞賛される。

KWV
南アフリカ

主要な商品

ラボリー・ピノタージュ Laborie Pinotage	カセドラル・セラー・カベルネ・ソーヴィニヨン Cathedral Cellar Cabernet Sauvignon
カセドラル・セラー・シャルドネ Cathedral Cellar Chardonnay	シュナン・ブラン Chenin Blanc
	キュヴェ・ブリュット Cuvée Brut

南アフリカで最大規模を誇る巨大製造会社。1918年に約4500軒の栽培農家により設立された協同組合が前身。最盛期には約5000軒以上が加盟し、国内生産の約85%を占めた。ピノタージュの開発（1925年）や冷却装置の採用（1957年）など、技術的にも同国を牽引してきた。人種隔離政策撤廃により輸出環境が改善し、1997年に株式会社化された。

スラ・ヴィンヤード
Sula Vineyard — ムンバイ

インド

主要な商品

	ソーヴィニヨン・ブラン Sauvignon Blanc
サトリ・メルロ＝マルベック Satori Merlot-Malbec	ブラッシュ・ジンファンデル・ロゼ Blush Zinfandel Rose
ラサ・シラーズ Rasa Shiraz	ブリュット・ホワイト Brut White

インドで初めて世界的な注目を集めたワイン。世界的IT企業の元重役ラジーヴ・サマントが1997年、西部ムンバイの内陸に植樹をはじめ、生産は2000年から。低緯度帯ながらも標高610mにあるため冷涼気候。所有地740ha、うち畑445haに加えて、周辺の契約農家から原料を調達。有機栽培を実践し、設備には国内初で空調を導入。

張裕ワイン
Changyu Wine — 山東省

中国

主要な商品

	シャトー・チャンユー・カステル・シャルドネ Château Changyu-Castel Chardonnay
シャトー・チャンユー・カステル・カベルネ・グルニュシュト 珍蔵級 Château Changyu-Castel Cabernet Gernischt	チャンユー・カベルネ 優選級 Changyu Dry Red Wine
シャトー・チャンユー・カステル・カベルネ・グルニュシュト 特選級 Château Changyu-Castel Cabernet Gernischt	チャンユー・リースリング Changyu Riesling Dry White Wine

中国最大規模を誇る製造会社で、世界でも第7位の生産量。また、国内流通量の2割を占める。1892年に東南アジアで財を成した華僑の張弼士が山東省煙台に設立。2000年にはカステル・グループと提携し、カステル・張裕醸酒有限公司を設立。壮大な城館を建造したことでも話題になる。ボルドー・スタイルのほか、アイスワインを手掛ける。

The Guide to
400 Wine Producers
with Profiles & Cuvées

日本

Japan

国内には果実酒製造免許を取得している製造場が262軒（平成24年3月現在、国税庁調べ）あり、毎年数軒ずつ増えている。以前は外国産原料を用いた「国産品」や「土産物」が一般的だったものの、近年は国産原料を用いて本格的なワインを手掛けるワイナリーが増えており、国際的評価を獲得するようになってきた。今後も日本ワインへの注目がさらに高まることを期待して、設備や畑の拡充を図るワイナリーも出てきた。

代表的生産者

Japan

日本

北海道

Tokachi Wine
池田町ブドウ・ブドウ酒研究所

主要な商品

シャトー十勝（赤）
Château Tokachi Red

清見
Kiyomi

トカップ（赤）
Tokappu

とかち野
Tokachino

シルモ
Silmo

1963年に日本で初めて自治体が設立したワイナリーで、十勝ワインの商標を展開。寒冷気候で栽培できるように、フレンチ・ハイブリッドのセイベル種から選抜した清見（1971年）など、独自品種を用いた個性的なワインを手掛ける。歌手の吉田美和（ドリームズ・カム・トゥルー）が地元出身であることから、観光ブドウ園などの共同事業も行う。

山形

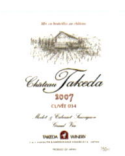

Takeda Winery
タケダワイナリー

主要な商品

シャトー・タケダ（赤）
Château Takeda Rouge

シャトー・タケダ・シャルドネ
Château Takeda Chardonnay

ドメーヌ・タケダ・アッサンブラージュ（白）
Domaine Takeda Assamblage Blanc

蔵王スター
Zao Star

キュヴェ・ヨシコ
Cuvée Yoshiko

1920年に武田重三郎が設立した武田食品工場が前身で、1990年から現社名。息子の重信が有機的に土地改良を行い、欧州系品種の栽培に成功。自社畑から造る旗艦銘柄シャトー・シリーズは国内屈指の評価を得るほか、契約栽培の蔵王スターも好評。キュヴェ・ヨシコは瓶内二次発酵のさきがけとして有名。現在は孫娘の岸平典子が運営。

栃木

COCO FARM & WINERY
ココ・ファーム・ワイナリー

主要な商品

第一楽章
Dai-Ichi Gakusho

山のシャルドネ
Yama no Chardonnay

ぴのろぜ
PINOT ROSE

ほぼブリュット
Hobo Brut

マタヤローネ
MATA YARONNE

知的障害者厚生施設こころみ学園を運営する社会福祉法人こころみ会が運営するワイナリー。元特別支援学校教諭の川田昇と生徒たちが1958年、山林を開墾したのがはじまり。2000年の九州沖縄サミットの晩餐会で供された際、園生の献身的な姿が報じられて話題になる。当初はバルク原料も用いていたものの、2007年からすべて国産原料となった。

長野

Obusé Winery
小布施ワイナリー

主要な商品

ドメーヌ・ソガ・ヴィーニュ・フランセーズ・プルミエ
Domaine Sogga Vigne Française 1er

ドメーヌ・ソガ・ヴィーニュ・シャルドネ
Domaine Sogga Vigne Chardonnay

ソガ・ペール・エ・フィス・デコルジュマン・ラテG
Sogga Père et Fils Obusé Dégorgemant G

ソガ・ペール・エ・フィス・小布施メルロ
Sogga Père et Fils Obusé Merlot

ソガ・ペール・エ・フィス・ソーヴィニヨン・ブラン
Sogga Père et Fils Sauvignon Blanc

有機栽培（一部でビオディナミ）をいちはやく実践するなど、小規模ながらも意欲的なことで知られるワイナリー。1877年に曽我市之丞が日本酒製造をはじめたのが起こり。1999年に曾孫の彰彦がソガ・ペール・エ・フィスのネゴシアン・ブランドを展開してから注目される。近年は自社畑の拡大を進めており、ドメーヌ・ソガは国内屈指の評価を得る。

114

Japan

山梨

Katsunuma Winery　　　　　　　　　　　　　　　　　　　　　　　　　　勝沼
勝沼醸造

主要な商品

アルガブランカ・ヴィニャル・イセハラ
Arugabranca Vinhal Issehara

アルガブランカ・ピッパ
Arugabranca Pipa

アルガ・アルカサール 641
Aruga Alcacer DCXLI

アルガーノ・ヴェント
Arugano Vento

アルガブランカ・ブリリャンテ
Arugabranca Brilhante

甲州ワインの躍進に大きく貢献したワイナリーで、創業から勝沼という産地にこだわり続け、旗艦銘柄アルガブランカ・シリーズは国内屈指の評価を得る。1937年に有賀義隣が個人で醸造をはじめたのが起こり。1941年に近隣農家とともに金山葡萄酒協同醸造組合を設立。2005年にはアサヒビールワイナリーの設備を購入して生産能力を拡大。

山梨

Sapporo Wine　　　　　　　　　　　　　　　　　　　　　　　　　　　　　勝沼
サッポロワイン

主要な商品

グランポレール 山梨甲州 樽発酵
Grande Polaire Yamanashi Koshu Barrel Fermented

グランポレール 山梨甲斐ノワール
Grande Polaire Yamanashi Kai Noir

グランポレール 長野古里ぶどう園 シャルドネ
Grande Polaire Nagano Furusato Vineyard Chardonnay

グランポレール 北海道余市ケルナー 遅摘み・芳醇
Grande Polaire Hokkaido Yoichi Kerner Late Harvest Houjyun

グランポレール岡山マスカット・オブ・アレキサンドリア(重るブラン)
Grande Polaire Okayama Muscat of Alexandria

サッポロビール創業100周年を記念して、1976年に設立された勝沼ワイナリー（現グランポレール勝沼ワイナリー）がはじまりで、旗艦銘柄グランポレールは国際的にも高く評価される。ビール醸造技術を応用し、いちはやく低温発酵・管理システムを導入した。系列にサッポロワイン岡山ワイナリーがあるほか、北海道と長野にも栽培農場を抱える。

山梨

Grace Wine　　　　　　　　　　　　　　　　　　　　　　　　　　　　　勝沼
中央葡萄酒

主要な商品

グレイス・キュヴェ三澤（赤）
Grace Cuvée Misawa Rouge

グレイス・キュヴェ三澤 明野甲州
Grace Cuvée Misawa Akeno Koshu

グレイス甲州 菱山畑
Grace Koshu Hishiyama Hatake

セレナ・エステート・シャルドネ
Serena Estate Chardonnay

グレイス・トラディショナル・メソッド
Grace Traditional Method

甲州ワインの躍進における牽引役で、グレイスワインの商標は国際的賞賛を得る。1923年に三澤長太郎が「長太郎印」として創業。1959年に法人化とともに現商標を用いる。4代目の茂計が2005年に明野銘醸（2004年廃業）の施設を購入してミサワ・ワイナリーを設立。自社畑を拡大して垣根栽培を実現するなど、世界的基準のエステート化をめざす。

山梨

Marufuji Winery　　　　　　　　　　　　　　　　　　　　　　　　　　勝沼
丸藤葡萄酒工業

主要な商品

ドメーヌ・ルバイヤート
Domaine Rubaiyat

ルバイヤート・シャルドネ 旧屋敷収穫
Rubaiyat Chardonnay Furuyashiki Vandange

ルバイヤート甲州シュール・リー
Rubaiyat Koshu Sur Lie

ルバイヤート・スパークリングワイン甲州ドゥミ・セック
Rubaiyat Sparkling Wine Koshu Demi Sec

小規模生産者の牽引的存在として注目され、ルバイヤートの商標は国内最高評価を得ている。1882年に大村治作が醸造をはじめたのが起こり。1947年から詩人の日夏耿之介に命名された商標を用いる。1990年から4代目の春夫がいちはやく垣根栽培を実践するなど、品質向上を図った。旗艦銘柄ドメーヌ・シリーズのメルロやプティ・ヴェルドが秀逸。

The Guide to 400 Wine Producers with Profiles & Cuvées

日本
Japan

山梨 / Manns Wines / 勝沼
マンズワイン

主要な商品

ソラリス信州東山カベルネ・ソーヴィニヨン
Solaris Shinshu Higashiyama Cabernet Sauvignon

ソラリス信州小諸メルロー
Solaris Shinshu Komoro Merlot

ソラリス信州小諸シャルドネ樽仕込
Solaris Shinshu Komoro Chardonnay Barrel Fermented

リュナリス甲州バレル・ファーメンテーション
Lunaris Koshu Barrel Fermentation

四季旬香 マスカット・ベーリーA
Shiki Shunka Muscat Bailey A

1962年に醤油最大手キッコーマンが設立した勝沼洋酒が前身で1964年に改名。勝沼と小諸に生産拠点がある。1985年にジエチレングリコール混入事件に巻き込まれたものの、その後の奮起で技術革新による品質向上。垣根をビニールシートで覆うレインカット栽培は特許化。旗艦銘柄ソラリス・シリーズは日本を代表するワインとして国際的評価を獲得。

山梨 / Château Mercian / 勝沼
シャトー・メルシャン

主要な商品

シャトー・メルシャン 桔梗ヶ原メルロー
Château Mercian Kikyogahara Merlot

シャトー・メルシャン 城の平カベルネ・ソーヴィニヨン
Château Mercian Jyonohira Cabernet Sauvignon

シャトー・メルシャン 北信シャルドネ
Château Mercian Hokushin Chardonnay

シャトー・メルシャン 甲州きいろ香
Château Mercian Koshu Kiiroka

シャトー・メルシャン・マリコ・ヴィンヤード・オムニス
Château Mercian Mariko Vineyard Omnis

酒類製造大手メルシャンが1949年に設立したワイナリーで、山梨県や長野県から原料を集約して製造。長野県塩尻市の契約農家から調達した桔梗ヶ原メルロー（1976年初生産）は赤ワインでは国内最高評価を獲得。また、ボルドー大学との共同研究から甲州種の品質向上をいちじるしく進め、その成果である甲州きいろ香は国際的に賞賛される。

山梨 / Lumière / 一宮
ルミエール

主要な商品

シャトー・ルミエール 赤
Château Lumière Rouge

石蔵和飲 マスカット・ベーリーA
Ishigura Wine Muscat Bailey A

光キュベ・スペシャル
Hikari Cuvée Special

ルミエール・ペティアン
Lumière Petillen

トラディショナル・スパークリング光
Traditional Sparkling Hikari

小規模ながらも国際的評価をいちはやく得たワイナリー。先代社長の塚本俊彦は日本人で初めて世界ぶどう・ぶどう酒機構の審査員に任命された。創業1885年の降矢醸造場が前身で、1943年に甲州園の改組を経て、1992年に現社名へ改名。旗艦銘柄シャトー・ルミエールは塩尻のメルロや明野のカベルネ・ソーヴィニヨンから造る優美なボルドー・ブレンド。

山梨 / Suntory Toni no Oka Winery / 甲府
サントリー登美の丘ワイナリー

主要な商品

登美 赤
Tomi Red

登美の丘 シャルドネ
Tomi no Oka Chardonnay

登美の丘 甲州スパークリング
Tomi no Oka Koshu Sparkling

登美 ノーブルドール
Tomi Noble d'Or

ジャパンプレミア 塩尻 メルロ
Japan Premium Shiojiri Merlot

赤ワインにおける日本最高峰として賞賛される旗艦銘柄の登美を生産するワイナリー。1909年に開墾された登美農園が前身で、1936年に寿屋（現サントリー）の鳥井信治郎が継承し、再建に川上善兵衛が協力。20世紀半ばに欧州系品種を栽培し、いちはやく本格的な辛口ワインを発売。有機栽培を実践しており、堆肥づくりまで自社で行う徹底ぶり。

Index

The Guide to
400 Wine Producers
with
Profiles & Cuvées

索引

検索方法
- アルファベット表記から検索してください。
- アルファベット表記では、生産者名に含まれるChâteauやDomaineなどワイナリーや会社を示す単語およびdeやlaなどの前置詞や定冠詞、また個人名が生産者名になっている場合のファーストネームを省いた表記にしています。カタカナ表記では、アルファベット表記で省いた部分も含み、正式な名称で表記しています。

その他
- チェック欄は、資格試験勉強の暗記のチェックや、飲んだことのある生産者チェックなどに活用してください。

A

				Page
Abbaye de Lérins	アベイ・ド・レランス	フランス	プロヴァンス	53
Abreu	エイブリュー	アメリカ	カリフォルニア州	88
Aiguille	シャトー・デギユイ	フランス	ボルドー	19
Albert Bichot	アルベール・ビショー	フランス	ブルゴーニュ	33
Almaviva	アルマヴィーヴァ	チリ	マイポ・ヴァレー	108
Altare	エリオ・アルターレ	イタリア	ピエモンテ州	56
Ama	カステッロ・ディ・アマ	イタリア	トスカーナ州	61
Angélus	シャトー・アンジェリュス	フランス	ボルドー	14
Anselmi	アンセルミ	イタリア	ヴェネト州	58
Anthony Road	アンソニー・ロード・ワイン・カンパニー	アメリカ	ニューヨーク州	96
Antinori	アンティノリ	イタリア	トスカーナ州	64
Araujo	アロウホ	アメリカ	カリフォルニア州	87
Arenberg	ダーレンベルグ	オーストラリア	南オーストラリア州	103
Armailhac	シャトー・ダルマイヤック	フランス	ボルドー	10
Armand de Brignac	アルマン・ド・ブリニャック	フランス	シャンパーニュ	41
Ata Rangi	アタ・ランギ	ニュージーランド	マーティンボロ	106
Auvenay	ドメーヌ・ドーヴネ	フランス	ブルゴーニュ	31
Au Bon Climat	オー・ボン・クリマ	アメリカ	カリフォルニア州	94
Ausone	シャトー・オーゾンヌ	フランス	ボルドー	14

B

Banfi	カステッロ・バンフィ	イタリア	トスカーナ州	62

				Page
✓ Barone Ricasoli	バローネ・リカーゾリ	イタリア	トスカーナ州	61
✓ Beaucastel	シャトー・ド・ボーカステル	フランス	ヴァレ・デュ・ローヌ	51
✓ Bélair-Monange	ベレール=モナンジュ	フランス	ボルドー	15
✓ Bellavista	ベッラヴィスタ	イタリア	ロンバルディア州	58
✓ Beringer	ベリンジャー	アメリカ	カリフォルニア州	92
✓ Bertani	ベルターニ	イタリア	ヴェネト州	59
✓ Bessa Valley	ベッサ・ヴァレー・ワイナリー	ブルガリア		83
✓ Billecart-Salmom	ビルカール=サルモン	フランス	シャンパーニュ	42
✓ Bollinger	ボランジェ	フランス	シャンパーニュ	42
✓ Bongran	ドメーヌ・ド・ラ・ボングラン	フランス	ブルゴーニュ	33
✓ Bon Pasteur	シャトー・ル・ボン・パストゥール	フランス	ボルドー	18
✓ Bonneau	アンリ・ボノー	フランス	ヴァレ・デュ・ローヌ	51
✓ Bonnet	シャトー・ボネ	フランス	ボルドー	19
✓ Bortoli	デ・ボルトリ	オーストラリア	ニュー・サウス・ウェールズ州	98
✓ Bouchard Père et Fils	ブシャール・ペール・フィス	フランス	ブルゴーニュ	35
✓ Braida	ブライダ	イタリア	ピエモンテ州	57
✓ Branaire-Ducru	シャトー・ブラネール=デュクリュ	フランス	ボルドー	10
✓ Breuer	ゲオルグ・ブロイヤー	ドイツ	ラインガウ	75
✓ Buena Vista Winery	ブエナ・ヴィスタ・ワイナリー	アメリカ	カリフォルニア州	87
✓ Brumont	ドメーヌ・アラン・ブリュモン	フランス	シュド・ウエスト	53
✓ Bürklin-Wolf	ドクトール・ビュルクリン=ヴォルフ	ドイツ	ファルツ	77

C

✓ C.V.B.G.	C.V.B.G.	フランス	ボルドー	20
✓ Ca'del Bosco	カ・デル・ボスコ	イタリア	ロンバルディア州	57
✓ Calera	カレラ	アメリカ	カリフォルニア州	94
✓ Calon-Ségur	シャトー・カロン=セギュール	フランス	ボルドー	9
✓ Carbonnieux	シャトー・カルボニュー	フランス	ボルドー	12
✓ Caro	カロ	アルゼンチン	メンドーサ	110
✓ Case Basse	カーゼ・バッセ	イタリア	トスカーナ州	62
✓ Casella	カセラ・ワインズ	オーストラリア	ニュー・サウス・ウェールズ州	99
✓ Castell'sches	カステル侯爵家	ドイツ	フランケン	78
✓ Catena Zapata	ボデガ・カテナ・サパータ	アルゼンチン	メンドーサ	111
✓ Caymus	ケイマス・ヴィンヤーズ	アメリカ	カリフォルニア州	89
✓ Cerbaiola	ラ・チェルバイオーラ	イタリア	トスカーナ州	63
✓ Ceretto	チェレット	イタリア	ピエモンテ州	56
✓ Chablisienne	ラ・シャブリジェンヌ	フランス	ブルゴーニュ	22
✓ Chalone	シャローン・ヴィンヤード	アメリカ	カリフォルニア州	94
✓ Chandon Australia	ドメーヌ・シャンドン・オーストラリア	オーストラリア	ヴィクトリア州	99
✓ Chanson Père et Fils	シャンソン・ペール・エ・フィス	フランス	ブルゴーニュ	34
✓ Changyu	張裕ワイン	中国	山東省	112
✓ Chapoutier	M.シャプティエ	フランス	ヴァレ・デュ・ローヌ	50
✓ Chasse-Spleen	シャトー・シャス=スプリーン	フランス	ボルドー	11
✓ Chave	ジャン=ルイ・シャーヴ	フランス	ヴァレ・デュ・ローヌ	50
✓ Cheval Blanc	シャトー・シュヴァル・ブラン	フランス	ボルドー	14
✓ Chevalier	ドメーヌ・ド・シュヴァリエ	フランス	ボルドー	11

				Page
✓ Chevillon	ドメーヌ・ロベール・シュヴィヨン	フランス	ブルゴーニュ	29
✓ Chromy	ジョセフ・クローミー	オーストラリア	タスマニア州	104
✓ Clair	ドメーヌ・ブルーノ・クレール	フランス	ブルゴーニュ	24
✓ Clavelier	ドメーヌ・ブルーノ・クラヴリエ	フランス	ブルゴーニュ	28
✓ Climens	シャトー・クリマンス	フランス	ボルドー	13
✓ Clonakilla	クロナキラ	オーストラリア	ニュー・サウス・ウェールズ州	98
✓ Clos de la Coulée de Serrant	クロ・ド・ラ・クーレ・ド・セラン	フランス	ヴァル・ド・ロワール	49
✓ Clos des Fées	ドメーヌ・デュ・クロ・デ・フェ	フランス	ルーション	52
✓ Clos du Val	クロ・デュ・ヴァル	アメリカ	カリフォルニア州	89
✓ Clos Leo	クロ・レオ	フランス	ボルドー	19
✓ Clos Mogador	クロス・モガドール	スペイン	プリオラート	70
✓ Clos Rougerd	クロ・ルジャール	フランス	ヴァル・ド・ロワール	49
✓ Cloudy Bay	クラウディ・ベイ	ニュージーランド	マールボロ	107
✓ Coche-Dury	ドメーヌ・ジャン=フランソワ・コシュ=デュリ	フランス	ブルゴーニュ	31
✓ COCO	ココ・ファーム・ワイナリー	日本	栃木県	114
✓ Codorniu	コドルニュ	スペイン	カバ	72
✓ Coldstream Hills	コールドストリーム・ヒルズ	オーストラリア	ヴィクトリア州	100
✓ Comte Georges de Vogüe	ドメーヌ・コント・ジョルジュ・ド・ヴォギュエ	フランス	ブルゴーニュ	25
✓ Comtes Lafon	ドメーヌ・デ・コント・ラフォン	フランス	ブルゴーニュ	31
✓ Concha y Toro	コンチャ・イ・トロ	チリ	マイポ・ヴァレー	109
✓ Cono Sur	コノスル	チリ	ラペル・ヴァレー	109
✓ Conterno	ジャコモ・コンテルノ	イタリア	ピエモンテ州	56
✓ Cos d'Estournel	シャトー・コス・デストゥルネル	フランス	ボルドー	7
✓ Cullen	カレン・ワインズ	オーストラリア	西オーストラリア州	104
✓ Curly Flat	カーリー・フラット・ヴィンヤード	オーストラリア	ヴィクトリア州	100

D

✓ Dagueneau	ディディエ・ダグノー	フランス	ヴァル・ド・ロワール	48
✓ Dal Forno Romano	ダル・フォルノ・ロマーノ	イタリア	ヴェネト州	59
✓ Dalla Valle	ダラ・ヴァレ・ヴィンヤード	アメリカ	カリフォルニア州	91
✓ Daumas Gassac	マス・ド・ドーマス・ガザック	フランス	ラングドック	53
✓ Dauvissat	ドメーヌ・ヴァンサン・ドーヴィサ	フランス	ブルゴーニュ	22
✓ Deiss	ドメーヌ・マルセル・ダイス	フランス	アルザス	47
✓ DeLille	デリール・セラーズ	アメリカ	ワシントン州	96
✓ Despagne	ヴィニョーブル・デスパーニュ	フランス	ボルドー	20
✓ Deutz	ドゥーツ	フランス	シャンパーニュ	42
✓ Doisy Daëne	シャトー・ドワジ・デーヌ	フランス	ボルドー	13
✓ Dom Pérignon	ドン・ペリニヨン	フランス	シャンパーニュ	43
✓ Dominus	ドミナス・エステート	アメリカ	カリフォルニア州	92
✓ Donatien Bahuaud	ドナシャン・バユオー	フランス	ヴァル・ド・ロワール	49
✓ Dönnhoff	ヘルマン・デーンホフ	ドイツ	ナーエ	77
✓ Drouhin	ジョセフ・ドルーアン	フランス	ブルゴーニュ	35
✓ Drouhin Oregon	ドメーヌ・ドルーアン・オレゴン	アメリカ	オレゴン州	96
✓ Duboeuf	ジョルジュ・デュブッフ	フランス	ブルゴーニュ	33
✓ Duca di Salaparuta	ドゥーカ・ディ・サラパルータ	イタリア	シチリア州	66

The Guide to 400 Wine Producers with Profiles & Cuvées

				Page
✓ Ducru-Beaucaillou	シャトー・デュクリュ=ボーカイユ	フランス	ボルドー	7
✓ Dugat	ドメーヌ・クロード・デュガ	フランス	ブルゴーニュ	23
✓ Dugat-Py	ドメーヌ・ベルナール・デュガ=ピ	フランス	ブルゴーニュ	24
✓ Dujac	ドメーヌ・デュジャック	フランス	ブルゴーニュ	24
✓ Dureuil-Janthial	ドメーヌ・ヴァンサン・デュルイユ=ジャンティアル	フランス	ブルゴーニュ	32
✓ Durfort-Vivens	シャトー・デュルフォール=ヴィヴァン	フランス	ボルドー	8
✓ Duval	ジョン・デュヴァル	オーストラリア	南オーストラリア州	101

E

✓ Egly-Ouriet	エグリ・ウーリエ	フランス	シャンパーニュ	41
✓ Errazuriz	ヴィーニャ・エラスリス	チリ	アコンカグア・ヴァレー	108
✓ Eyrie	ジ・アイリー・ヴィンヤーズ	アメリカ	オレゴン州	95

F

✓ Faiveley	フェヴレ	フランス	ブルゴーニュ	34
✓ Faustino	ボデガス・ファウスティーノ	スペイン	リオハ	68
✓ Felton Road	フェルトン・ロード	ニュージーランド	セントラル・オタゴ	108
✓ Fernandez	アレハンドロ・フェルナンデス	スペイン	リベラ・デル・デュエロ	70
✓ Ferrari	フェッラーリ	イタリア	トレンティーノ・アルト・アディジェ州	58
✓ Fetzer	フェッツァー	アメリカ	カリフォルニア州	93
✓ Feudi di San Gregorio	フェウディ・ディ・サン・グレゴリオ	イタリア	カンパーニャ州	65
✓ Fèvre	ドメーヌ・ウィリアム・フェーヴル	フランス	ブルゴーニュ	22
✓ Fieuzal	シャトー・ド・フューザル	フランス	ボルドー	12
✓ Figeac	シャトー・フィジャック	フランス	ボルドー	15
✓ Fonseca Guimaraens	フォンセカ・ギマラエンス	ポルトガル	ポルト	80
✓ Fonterutoli	カステッロ・ディ・フォンテルートリ	イタリア	トスカーナ州	61
✓ Franciscan	フランシスカン・エステート	アメリカ	カリフォルニア州	92
✓ Freixenet	フレシネ	スペイン	カバ	72
✓ Frescobardi	フレスコバルディ	イタリア	トスカーナ州	64
✓ Friz Haag	フリッツ・ハーク	ドイツ	モーゼル	75
✓ Fromm	フロム・ワイナリー	ニュージーランド	マールボロ	108

G

✓ Gaja	ガヤ	イタリア	ピエモンテ州	57
✓ Gallo	E&Jガロ	アメリカ	カリフォルニア州	86
✓ Gauby	ドメーヌ・ゴビー	フランス	ルーション	52
✓ Giacosa	ブルーノ・ジャコザ	イタリア	ピエモンテ州	56
✓ Girardin	ヴァンサン・ジラルダン	フランス	ブルゴーニュ	34
✓ Giscours	シャトー・ジスクール	フランス	ボルドー	9
✓ Glaetzer	グレッツァー・ワインズ	オーストラリア	南オーストラリア州	102
✓ Gonzalez Byass	コンザレス・ビアス	スペイン	ヘレス	72
✓ Golan Heights	ゴラン・ハイツ・ワイナリー	イスラエル		84
✓ Gosset	ゴッセ	フランス	シャンパーニュ	41
✓ Gouges	ドメーヌ・アンリ・グージュ	フランス	ブルゴーニュ	29
✓ Grace Family	グレイス・ファミリー	アメリカ	カリフォルニア州	88
✓ Grace	中央葡萄酒	日本	山梨県	115
✓ Graham's	グラハム	ポルトガル	ポルト	80
✓ Gramenon	ドメーヌ・グラムノン	フランス	ヴァレ・デュ・ローヌ	52

				Page
✓ Gravner	グラヴナー	イタリア	フリウリ・ヴェネツィア・ジューリア州	60
✓ Greppo	テヌータ・グレッポ	イタリア	トスカーナ州	62
✓ Grgich Hills	ガーギッチ・ヒルズ・エステート	アメリカ	カリフォルニア州	88
✓ Grillet	シャトー・グリエ	フランス	ヴァレ・デュ・ローヌ	50
✓ Groffier	ドメーヌ・ロベール・グロフィエ・ペール・エ・フィス	フランス	ブルゴーニュ	25
✓ Gros, Anne	ドメーヌ・アンヌ・グロ	フランス	ブルゴーニュ	26
✓ Gros, Michel	ドメーヌ・ミシェル・グロ	フランス	ブルゴーニュ	28
✓ Grosset	グロセット	オーストラリア	南オーストラリア州	102
✓ Gruaud-Larose	シャトー・グリュオー・ラローズ	フランス	ボルドー	8
✓ Guigal	ギガル	フランス	ヴァレ・デュ・ローヌ	50

H

✓ Hamilton Russell	ハミルトン・ラッセル・ヴィンヤーズ	南アフリカ	ウォーカー・ベイ	112
✓ Hardy's	ハーディーズ	オーストラリア	南オーストラリア州	103
✓ Harlan	ハーラン・エステート	アメリカ	カリフォルニア州	92
✓ Haut-Brion	シャトー・オー=ブリオン	フランス	ボルドー	11
✓ Henri Giraud	アンリ・ジロー	フランス	シャンパーニュ	41
✓ Henriot	アンリオ	フランス	シャンパーニュ	38
✓ Henschke	ヘンチキ	オーストラリア	南オーストラリア州	101
✓ Herri Mina	エリ・ミナ	フランス	シュド・ウエスト	53
✓ Hiedler	ヒードラー	オーストリア	カンプタール	82
✓ Hospices de Beaune	オスピス・ド・ボーヌ	フランス	ブルゴーニュ	30
✓ Huber	ベルンハルト・フーバー	ドイツ	バーデン	78
✓ Huet	ドメーヌ・ユエ・レシャンソン	フランス	ヴァル・ド・ロワール	48
✓ Hugel et Fils	ヒューゲル・エ・フィス	フランス	アルザス	47

I

✓ Inglenook	イングルヌック	アメリカ	カリフォルニア州	93

J

✓ Jacob's Creek	ジェイコブス・クリーク	オーストラリア	南オーストラリア州	100
✓ Jacquesson	ジャクソン	フランス	シャンパーニュ	40
✓ Jayer	ドメーヌ・アンリ・ジャイエ	フランス	ブルゴーニュ	26
✓ Jean Leon	ジャン・レオン	スペイン	ペネデス	69
✓ Jermann	イエルマン	イタリア	フリウリ・ヴェネツィア・ジューリア州	59
✓ Johannisberg	シュロス・ヨハニスベルク	ドイツ	ラインガウ	76
✓ Josmeyer	ジョスメイヤー	フランス	アルザス	46
✓ Juliusspital	ユリウスシュピタール	ドイツ	フランケン	78
✓ Jurtschitsch Sonnhof	ユルチッチ・ソンホーフ	オーストリア	カンプタール	82

K

✓ Karthäuserhof	カルトホイザーホーフ	ドイツ	モーゼル	74
✓ Katsunuma	勝沼醸造	日本	山梨県	115
✓ Kendall Jackson	ケンダル・ジャクソン	アメリカ	カリフォルニア州	86
✓ Kenzo	ケンゾー・エステイト	アメリカ	カリフォルニア州	89
✓ Kistler	キスラー	アメリカ	カリフォルニア州	86
✓ Kloster Eberbach	ヘッセン州立醸造所クロスター・エーベルバッハ	ドイツ	ラインガウ	76
✓ Kracher	クラッハー	オーストリア	ノイジードラーゼ	82
✓ Kreydenweiss	マルク・クライデンヴァイス	フランス	アルザス	47

The Guide to 400 Wine Producers with Profiles & Cuvées

				Page
✓ Krug	クリュッグ	フランス	シャンパーニュ	38
✓ Kurtaki	クルタキス	ギリシャ		83
✓ Kusuda	クスダ・ワインズ	ニュージーランド	マーティンボロ	106
✓ KWV	KWV	南アフリカ		112

L

✓ Larcis Ducasse	シャトー・ラルシ・デュカス	フランス	ボルドー	16
✓ Ladousette	ド・ラドゥーセット	フランス	ヴァル・ド・ロワール	48
✓ Lafite Rothschild	シャトー・ラフィット・ロートシルト	フランス	ボルドー	6
✓ Lafleur	シャトー・ラフルール	フランス	ボルドー	17
✓ Lagrange	シャトー・ラグランジュ	フランス	ボルドー	9
✓ Lamarche	ドメーヌ・フランソワ・ラマルシュ	フランス	ブルゴーニュ	27
✓ Lanson Père et Fils	ランソン・ペール・エ・フィス	フランス	シャンパーニュ	40
✓ Lapierre	マルセル・ラピエール	フランス	ブルゴーニュ	33
✓ Lapostolle	ラボストール	チリ	ラベル・ヴァレー	109
✓ Latour	シャトー・ラトゥール	フランス	ボルドー	6
✓ Laurent	ドミニク・ローラン	フランス	ブルゴーニュ	35
✓ Laurent-Perrier	ローラン=ペリエ	フランス	シャンパーニュ	43
✓ Leeuwin	ルーウィン・エステイト	オーストラリア	西オーストラリア州	104
✓ Leflaive	ドメーヌ・ルフレーヴ	フランス	ブルゴーニュ	32
✓ Léoville Las Cases	シャトー・レオヴィル・ラス・カーズ	フランス	ボルドー	8
✓ Leroy	ルロワ	フランス	ブルゴーニュ	36
✓ Librandi	リブランディ	イタリア	カラブリア州	66
✓ Liget-Bélair	ドメーヌ・デュ・コント・リジェ=ベレール	フランス	ブルゴーニュ	27
✓ Lingenfeloeder	リンゲンフェルダー	ドイツ	ファルツ	78
✓ Livio Felluga	リヴィオ・フェルーガ	イタリア	フリウリ・ヴェネツィア・ジューリア州	60
✓ Long-Depaquit	ドメーヌ・ロン=デパキ	フランス	ブルゴーニュ	23
✓ Loosen	ドクター・ローゼン	ドイツ	モーゼル	74
✓ Lopez de Heredia	ロペス・デ・エレディア	スペイン	リオハ	68
✓ Louis Jadot	ルイ・ジャド	フランス	ブルゴーニュ	36
✓ Louis Latour	ルイ・ラトゥール	フランス	ブルゴーニュ	36
✓ Luce della Vite	ルーチェ・デッラ・ヴィーテ	イタリア	トスカーナ州	63
✓ Lumière	ルミエール	日本	山梨県	116
✓ Lynch-Bages	シャトー・ランシュ=バージュ	フランス	ボルドー	10

M

✓ Maire	アンリ・メール	フランス	ジュラ	54
✓ Manns	マンズワイン	日本	山梨県	116
✓ Marcassin	マーカッシン	アメリカ	カリフォルニア州	87
✓ Margaux	シャトー・マルゴー	フランス	ボルドー	6
✓ Marquis d'Angerville	ドメーヌ・マルキ・ダンジェルヴィーユ	フランス	ブルゴーニュ	30
✓ Martinborough	マーティンボロ・ヴィンヤード	ニュージーランド	マーティンボロ	107
✓ Martray	ドメーヌ・ボノー・デュ・マルトレ	フランス	ブルゴーニュ	29
✓ Marufuji	丸藤葡萄酒工業	日本	山梨県	115
✓ Masciarelli	マシャレッリ	イタリア	アブルッツォ州	65
✓ Masi	マァジ	イタリア	ヴェネト州	59
✓ Mastroberardino	マストロベラルディーノ	イタリア	カンパーニャ州	65

122

✓	Mauro	ボデガス・マウロ	スペイン	リベラ・デル・デュエロ	71
✓	Mellot	アルフォンス・メロ	フランス	ヴァル・ド・ロワール	48
✓	Méo-Camuzet	ドメーヌ・メオ=カミュゼ	フランス	ブルゴーニュ	28
✓	Mendez	ボデガス・ヘラルド・メンデス	スペイン	リアス・バイジャス	72
✓	Mercian	シャトー・メルシャン	日本	山梨県	116
✓	Miani	ミアーニ	イタリア	フリウリ・ヴェネツィア・ジューリア州	60
✓	Mission Haut-Brion	シャトー・ラ・ミッション・オー=ブリオン	フランス	ボルドー	11
✓	Moët et Chandon	モエ・エ・シャンドン	フランス	シャンパーニュ	44
✓	Mommessin	モメサン	フランス	ブルゴーニュ	36
✓	Mondavi	ロバート・モンダヴィ	アメリカ	カリフォルニア州	93
✓	Mondotte	ラ・モンドット	フランス	ボルドー	16
✓	Mongeard-Mugneret	ドメーヌ・モンジャール=ミュニュレ	フランス	ブルゴーニュ	28
✓	Montelena	シャトー・モンテレーナ	アメリカ	カリフォルニア州	90
✓	Montes	モンテス	チリ	コルチャグア・ヴァレー	109
✓	Montevertine	モンテヴェルティーネ	イタリア	トスカーナ州	62
✓	Montille	ドメーヌ・ド・モンティーユ	フランス	ブルゴーニュ	30
✓	Montrose	シャトー・モンローズ	フランス	ボルドー	7
✓	Mortet	ドメーヌ・ドゥニ・モルテ	フランス	ブルゴーニュ	24
✓	Moueix	ジャン=ピエール・ムエックス	フランス	ボルドー	20
✓	Moulin Haut-Laroque	シャトー・ムーラン・オー=ラロック	フランス	ボルドー	18
✓	Mount Mary	マウント・メアリー・ヴィンヤード	オーストラリア	ヴィクトリア州	99
✓	Mouton Rothschild	シャトー・ムートン・ロートシルト	フランス	ボルドー	6
✓	Mugnier	ドメーヌ・ジャック・フレデリック・ミュニエ	フランス	ブルゴーニュ	26
✓	Müller	エゴン・ミュラー	ドイツ	モーゼル	74
✓	Mumm	G.H.マム	フランス	シャンパーニュ	38
✓	Murrieta	マルケス・デ・ムリエタ	スペイン	リオハ	68
✓	Musar	シャトー・ミュザール	レバノン		84

N

✓	Nikolaihof	ニコライホフ	オーストリア	ヴァッハウ	81
✓	Noval	キンタ・ド・ノヴァル	ポルトガル	ポルト	80
✓	Numanthia Termes	ヌマンシア・テルメス	スペイン	トロ	71
✓	Nytimber	ナイティンバー	イギリス	西サセックス州	84

O

✓	Oasi Degli Angeli	オアジ・デッリ・アンジェリ	イタリア	マルケ州	61
✓	Obusé	小布施ワイナリー	日本	長野県	114
✓	Opus One	オーパス・ワン	アメリカ	カリフォルニア州	88
✓	Ornellaia	オルネッライア	イタリア	トスカーナ州	63

P

✓	Pacalet	フィリップ・パカレ	フランス	ブルゴーニュ	35
✓	Paillard	ブルーノ・バイヤール	フランス	シャンパーニュ	39
✓	Palacios	アルバロ・パラシオス	スペイン	プリオラート	70
✓	Palliser	パリサー・エステート	ニュージーランド	マーティンボロ	107
✓	Palmer	シャトー・パルメ	フランス	ボルドー	9
✓	Pape Clément	シャトー・パプ・クレマン	フランス	ボルドー	12
✓	Pato	ルイス・パト	ポルトガル	バイラーダ	81

The Guide to 400 Wine Producers with Profiles & Cuvées

				Page
Paul Jaboulet Aîné	ポール・ジャブレ・エネ	フランス	ヴァレ・デュ・ローヌ	51
Pavie	シャトー・パヴィ	フランス	ボルドー	14
Pavie-Macquin	シャトー・パヴィ=マッカン	フランス	ボルドー	15
Pegau	ドメーヌ・デュ・ペゴー	フランス	ヴァレ・デュ・ローヌ	51
Penfolds	ペンフォールズ	オーストラリア	南オーストラリア州	102
Perrier-Jouët	ペリエ=ジュエ	フランス	シャンパーニュ	43
Perrot-Minot	ドメーヌ・ペロ=ミノ	フランス	ブルゴーニュ	25
Peter Lehmann	ピーター・レーマン・ワインズ	オーストラリア	南オーストラリア州	101
Petrus	シャトー・ペトリュス	フランス	ボルドー	17
Phelps	ジョセフ・フェルプス・ヴィンヤーズ	アメリカ	カリフォルニア州	90
Philipponnat	フィリポナ	フランス	シャンパーニュ	42
Pibarnon	シャトー・ド・ピバルノン	フランス	プロヴァンス	54
Pichler	F.X.ピヒラー	オーストリア	ヴァッハウ	81
Pichon Longueville Comtesse de Lalande	シャトー・ピション・ロングヴィル・コンテス・ド・ラランド	フランス	ボルドー	7
Pin	シャトー・ル・パン	フランス	ボルドー	17
Pingus	ドミニオ・デ・ピングス	スペイン	リベラ・デル・デュエロ	70
Piper-Heidsieck	パイパー=エイドシック	フランス	シャンパーニュ	39
Pipers Brook	パイパーズ・ブルック	オーストラリア	タスマニア州	104
Pisoni	ピゾーニ・ヴィンヤーズ&ワイナリー	アメリカ	カリフォルニア州	94
Planeta	プラネタ	イタリア	シチリア州	66
Pol Roger	ポル・ロジェ	フランス	シャンパーニュ	43
Pommery	ポメリー	フランス	シャンパーニュ	39
Ponsot	ドメーヌ・ポンソ	フランス	ブルゴーニュ	25
Poupille	シャトー・プピーユ	フランス	ボルドー	19
Prager	プラガー	オーストリア	ヴァッハウ	82
Providence	プロヴィダンス	ニュージーランド	オークランド	106
Prüm	ヨハン・ヨゼフ・プリュム	ドイツ	モーゼル	75
Puy	シャトー・ル・ピュイ	フランス	ボルドー	18
Puygueraud	シャトー・ピュイゲロー	フランス	ボルドー	18
Q				
Quintarelli	ジュゼッペ・クインタレッリ	イタリア	ヴェネト州	58
Qupe	キュペ	アメリカ	カリフォルニア州	95
R				
Ramonet	ドメーヌ・ラモネ	フランス	ブルゴーニュ	32
Raul Perez	ボデガス・イ・ビニェードス・ラウル・ペレス	スペイン	ビエルソ	71
Rauzan-Ségla	シャトー・ローザン=セグラ	フランス	ボルドー	8
Raveneau	ドメーヌ・フランソワ・ラヴノー	フランス	ブルゴーニュ	22
Ravenswood	レーヴェンズウッド	アメリカ	カリフォルニア州	87
Rayas	シャトー・ラヤス	フランス	ヴァレ・デュ・ローヌ	52
Reignac	シャトー・レイニャック	フランス	ボルドー	20
Remelluri	レメリュリ	スペイン	リオハ	69
Remoissenet Père et Fils	ドメーヌ・ルモワスネ・ペール・エ・フィス	フランス	ブルゴーニュ	30
Rheinhartshausen	シュロス・ラインハルツハウゼン	ドイツ	ラインガウ	76
Ridge	リッジ・ヴィンヤーズ	アメリカ	カリフォルニア州	93

✓	Ridgeview	リッジヴュー	イギリス	東サセックス州	84
✓	Robert	アラン・ロベール	フランス	シャンパーニュ	44
✓	Roch	ドメーヌ・ブリューレ・ロック	フランス	ブルゴーニュ	29
✓	Roches Neuves	ドメーヌ・デ・ロッシュ・ヌーヴ	フランス	ヴァル・ド・ロワール	49
✓	Rodriguez	テルモ・ロドリゲス	スペイン	リオハ	68
✓	Roederer	ルイ・ロデレール	フランス	シャンパーニュ	40
✓	Romanée-Conti	ドメーヌ・ド・ラ・ロマネ＝コンティ	フランス	ブルゴーニュ	27
✓	Rópez de Heredia	ロペス・デ・エレディア	スペイン	リオハ	68
✓	Rosemount	ローズマウント・エステート	オーストラリア	ニュー・サウス・ウェールズ州	98
✓	Rouget	ドメーヌ・エマニュエル・ルジェ	フランス	ブルゴーニュ	27
✓	Roumier	ドメーヌ・ジョルジュ・ルーミエ	フランス	ブルゴーニュ	26
✓	Rousseau	ドメーヌ・アルマン・ルソー	フランス	ブルゴーニュ	23
✓	Royal Tokaji	ロイヤル・トカイ・ワイン・カンパニー	ハンガリー	トカイ・ヘジャリャ	83
✓	Ruinart	リュイナール	フランス	シャンパーニュ	40

S

✓	Saintsbury	セインツベリー・ヴィンヤード	アメリカ	カリフォルニア州	91
✓	Salon	サロン	フランス	シャンパーニュ	44
✓	San Guido	テヌータ・サン・グイード	イタリア	トスカーナ州	63
✓	Sapporo	サッポロ・ワイン	日本	山梨県	115
✓	Sardus Pater	サルドゥス・パーター	イタリア	サルデーニャ州	66
✓	Sauzet	ドメーヌ・エティエンヌ・ソゼ	フランス	ブルゴーニュ	31
✓	Scarecrow	スケアクロウ	アメリカ	カリフォルニア州	91
✓	Schubert	フォン・シューベルト	ドイツ	モーゼル	75
✓	Schubert	シューベルト・ワインズ	ニュージーランド	マーティンボロ	107
✓	Schueller et Fils	ジェラール・シュレール・エ・フィス	フランス	アルザス	46
✓	Screaming Eagle	スクリーミング・イーグル	アメリカ	カリフォルニア州	90
✓	Serene	ドメーヌ・セリーヌ	アメリカ	オレゴン州	95
✓	Selosse	ジャック・セロス	フランス	シャンパーニュ	44
✓	Shafer	シェーファー・ヴィンヤーズ	アメリカ	カリフォルニア州	89
✓	Shaw & Smith	ショウ・アンド・スミス	オーストラリア	南オーストラリア州	102
✓	Sierra Cantabria	シエラ・カンタブリア	スペイン	リオハ	69
✓	Simonsig	シモンシッヒ	南アフリカ	ステレンボッシュ	111
✓	Sine Qua Non	シネ・クァ・ノン	アメリカ	カリフォルニア州	90
✓	Smith Haut Lafitte	シャトー・スミス・オー・ラフィット	フランス	ボルドー	12
✓	Sociando-Mallet	シャトー・ソシアンド＝マレ	フランス	ボルドー	10
✓	Sogrape	ソグラペ	ポルトガル	トラズ・オス・モンテス	81
✓	Spinetta	ラ・スピネッタ	イタリア	ピエモンテ州	57
✓	Stag's Leap	スタッグス・リープ・ワイン・セラーズ	アメリカ	カリフォルニア州	91
✓	Star Lane	スター・レーン・ヴィンヤード	アメリカ	カリフォルニア州	95
✓	Ste.Michael	シャトー・サン・ミッシェル	アメリカ	ワシントン州	96
✓	Stornyridge	ストーニーリッジ・ヴィンヤード	ニュージーランド	マーティンボロ	106
✓	Suduiraut	シャトー・シュデュイロー	フランス	ボルドー	13
✓	Sula	スラ・ヴィンヤード	インド	ムンバイ	112
✓	Suntory Tomi no Oka	サントリー登美の丘ワイナリー	日本	山梨県	116
✓	Szepsy Istvan	セプシ・イシュトヴァン	ハンガリー	トカイ・ヘリャジャ	83

The Guide to 400 Wine Producers with Profiles & Cuvées

T

				Page
☑ Taittinger	テタンジェ	フランス	シャンパーニュ	39
☑ Takeda	タケダワイナリー	日本	山形県	114
☑ Taylor's	テイラーズ	ポルトガル	ポルト	80
☑ Tempier	ドメーヌ・タンピエ	フランス	プロヴァンス	54
☑ Terazas de los Andes	テラザス・デ・ロス・アンデス	アルゼンチン	メンドーサ	110
☑ Tertre Roteboeuf	シャトー・テルトル・ロートブッフ	フランス	ボルドー	16
☑ Testamatta di Bibi Graetz	テスタマッタ・ディ・ビービー・グラーツ	イタリア	トスカーナ州	64
☑ Thanisch	ドクトール・ターニッシュ	ドイツ	モーゼル	74
☑ Tokachi	十勝ワイン（池田町ブドウ・ブドウ酒研究所）	日本	北海道	114
☑ Torbreck	トルブレック	オーストラリア	南オーストラリア州	101
☑ Torres	トーレス	スペイン	ペネデス	69
☑ Trapet Père et Fils	ドメーヌ・トラペ・ペール・エ・フィス	フランス	ブルゴーニュ	23
☑ Trapiche	トラピチェ	アルゼンチン	メンドーサ	111
☑ Trévallon	ドメーヌ・ド・トレヴァロン	フランス	プロヴァンス	54
☑ Trimbach	F.E.トリンバック	フランス	アルザス	46
☑ Trinoro	テヌータ・ディ・トリノーロ	イタリア	トスカーナ州	64
☑ Troplong Mondot	シャトー・トロロン・モンド	フランス	ボルドー	15
☑ Trotanoy	シャトー・トロタノワ	フランス	ボルドー	17
☑ Tyrrell's	ティレルズ・ワインズ	オーストラリア	ニュー・サウス・ウェールズ州	98

V

☑ Valandraud	シャトー・ド・ヴァランドロー	フランス	ボルドー	16
☑ Valentini	エドアルド・ヴァレンティーニ	イタリア	アブルッツォ州	65
☑ Valockenberg	P.J.ファルケンベルク	ドイツ	ラインヘッセン	77
☑ Vascos	ロス・ヴァスコス	チリ	コルチャグア・ヴァレー	110
☑ Vasse Felix	ヴァス・フェリックス	オーストラリア	西オーストラリア州	103
☑ Vega Sicilia	ベガ・シシリア	スペイン	リベラ・デル・デュエロ	71
☑ Verget	ヴェルジェ	フランス	ブルゴーニュ	34
☑ Veuve Clicquot-Ponsardin	ヴーヴ・クリコ=ポンサルダン	フランス	シャンパーニュ	38
☑ Vie di Romans	ヴィエ・ディ・ロマンス	イタリア	フリウリ・ヴェネツィア・ジュリア州	60
☑ Vergelegen	フィルハーレヘン	南アフリカ	ステレンボッシュ	111
☑ Villaine	ドメーヌ・A.&P. ド・ヴィレーヌ	フランス	ブルゴーニュ	32
☑ Vollrads	シュロス・フォルラーツ	ドイツ	ラインガウ	76

W

☑ Weil	ロバート・ヴァイル	ドイツ	ラインガウ	77
☑ Weinbach	ドメーヌ・ヴァインバック	フランス	アルザス	46
☑ Williams Selyem	ウィリアムズ・セリエム	アメリカ	カリフォルニア州	86
☑ Wolf Blass	ウルフ・ブラス	オーストラリア	南オーストラリア州	100
☑ Wynns Coonawarra	ウィンズ・クナワラ・エステート	オーストラリア	南オーストラリア州	103

Y

☑ Yacochuya	サン・ペドロ・デ・ヤコチューヤ	アルゼンチン	メンドーサ	110
☑ Yarra Yering	ヤラ・イエリング	オーストラリア	ヴィクトリア州	99
☑ Yquem	シャトー・ディケム	フランス	ボルドー	13

Z

☑ Zint Humbrecht	ツィント・ウンブレヒト	フランス	アルザス	47

The Guide to 400 Wine Producers with Profiles & Cuvées

協力社リスト

五十音順

アコレード・ワインズ・ジャパン(株)
アサヒビール(株)
イーストワン(株)
池田町ブドウ・ブドウ酒研究所
(有)石橋コレクション
出水商事(株)
(株)稲葉
(株)ヴァイアンドカンパニー
(株)ヴァン パッシオン
(株)ヴィノスやまざき
(株)ヴィノラム
ヴィレッジ・セラーズ(株)
(株)ヴィントナーズ
(株)エイ・エム・ズィー
(株)エイ・ダヴリュー・エイ
エノテカ(株)
MHD モエ ヘネシー ディアジオ(株)
(有)オーケストラ
(株)オーデックス・ジャパン
(株)オルヴォー
オルカ・インターナショナル(株)
勝沼醸造(株)
カリフォルニア・ワイン・トレーディング(株)
キッコーマン(株)
木下インターナショナル(株)
(有)クラモチコーポレーション
KFW HENRI GIRAUD (株)
GO-TO WINE
国分(株)
(有)ココ・ファーム・ワイナリー
(株)サス

サッポロビール(株)
(有)讚久商会
サントリーワインインターナショナル(株)
(株)ジェロボーム
(株)渋谷・東急本店 和洋酒売場(THE WINE)
(株)ジャパンインポートシステム
ジャパン・フード&リカー・アライアンス(株)
ディオニー(株)
(有)タケダワイナリー
中央葡萄酒(株)
テラヴェール(株)
(株)德岡
豊通食料(株)
(株)中川ワイン
日欧商事(株)
日仏商事(株)
日本リカー(株)
野村ユニソン(株)
ピーロート・ジャパン(株)
ファームストン(株)
(株)ファインズ
(株)フィネス
(有)伏見ワインビジネスコンサルティング
ブリストル・ジャパン(株)
布袋ワインズ(株)
(株)松澤屋
丸藤葡萄酒工業(株)
三国ワイン(株)
(株)ミレジム
メルシャン(株)
(株)モトックス
モンテ物産(株)
ラ・ヴィネ
(株)ラシーヌ
(株)ラック・コーポレーション
(株)ルミエール
ワイン・イン・スタイル(株)
(株)ワイン・スタイルズ
ワインダイヤモンズ(株)
(株)ワインプレスインターナショナル

斉藤研一

ワイン上手になりたい方のためのあたらしいスタイルのワインスクール「サロン・ド・ヴィノフィル」を主宰。著書に『ワインの基礎力 Step80』『ワインの過去問400』『ワインの用語500』(以上弊社刊)、『珠玉のワインBEST100』(宝島社)他多数。BSジャパンにて「斉藤研一のワインの達人」(2010年1月放映)のアンカーマンも務める。

Kenichi Saito

世界のワイン生産者 400
~プロフィールと主要銘柄でワインがわかる~

本書は2009年11月に弊社から刊行した『世界のワイン生産者ハンドブック』を大幅加筆修正したものです。

The Guide to 400 Wine Producers with Profiles & Cuvées

発行日／2014年4月15日

著者／斉藤研一
デザイン／西村淳一(Function Ltd.)
編集／滝澤麻衣(美術出版社)+杉本多恵(ロッソ・ルビーノ)
DTP／株式会社アド・エイム
印刷・製本／富士美術印刷株式会社

発行人／大下健太郎
発行／株式会社美術出版社
〒102-8026
東京都千代田区五番町4-5　五番町コスモビル2階
電話／03-3234-2153(営業)、03-3234-2156(編集)
振替／00150-9-166700
http://www.bijutsu.co.jp/bss/

乱丁・落丁の本がございましたら、小社宛にお送りください。送料負担でお取り替えいたします。本書の全部または一部を無断で複写(コピー)することは著作権法上での例外を除き、禁じられています。

ISBN／978-4-568-50563-4　C0070　©Kenichi Saito 2014 / Printed in Japan